水质调控与煤泥水处理

张志军　刘炯天　著

北　京

冶　金　工　业　出　版　社

2019

内 容 提 要

本书从煤泥水的溶液化学和胶体化学性质入手，提出煤泥水绿色澄清和煤泥浮选的水质调控方法，分别研究了水质对煤泥水澄清、煤泥浮选、矿物颗粒间作用行为的影响。通过循环煤泥水体系的水质调控方法，实现煤泥水的澄清循环和煤泥的高效浮选。

本书可供高等学校、科研院所的研究人员，高等学校矿物加工工程、环境工程等专业本科生、研究生以及矿业企业的技术人员等阅读参考。

图书在版编目 (CIP) 数据

水质调控与煤泥水处理/张志军，刘炯天著. —北京：冶金工业出版社，2019.12

ISBN 978-7-5024-8215-2

Ⅰ.①水… Ⅱ.①张… ②刘… Ⅲ.①煤泥水处理

Ⅳ.①TD94

中国版本图书馆 CIP 数据核字 （2019） 第 183445 号

出 版 人　陈玉千
地　　 址　北京市东城区嵩祝院北巷 39 号　邮编　100009　电话　(010)64027926
网　　 址　www.cnmip.com.cn　电子信箱　yjcbs@cnmip.com.cn
责任编辑　徐银河　美术编辑　吕欣童　版式设计　禹　蕊
责任校对　卿文春　责任印制　李玉山
ISBN 978-7-5024-8215-2
冶金工业出版社出版发行；各地新华书店经销；三河市双峰印刷装订有限公司印刷
2019 年 12 月第 1 版，2019 年 12 月第 1 次印刷
169mm×239mm；8.25 印张；161 千字；123 页
56.00 元
冶金工业出版社　投稿电话　(010)64027932　投稿信箱　tougao@cnmip.com.cn
冶金工业出版社营销中心　电话　(010)64044283　传真　(010)64027893
冶金工业出版社天猫旗舰店　yjgycbs.tmall.com
（本书如有印装质量问题，本社营销中心负责退换）

前　言

<<<<<<<<<<<<<<<<<<<<<<<<<<<<<<<<<<<<<<<<<<<<<<<<<<<<<<<<<<<<<<

　　煤炭洗选属于高耗水过程，煤泥水是在煤炭洗选过程中产生的废水，它是微细固体颗粒在水溶液中的悬浮分散体系。我国煤炭资源储量的2/3以上处于严重缺水的西北部地区，煤炭资源和水资源呈逆向分布。面对高品质煤需求量增加和水资源短缺的两个相互矛盾的问题，要求煤泥水必须实现澄清循环利用，通过煤泥水处理，可实现煤泥回收和煤泥水澄清，而煤泥水澄清成为保障选煤厂各环节生产和实现洗水闭路循环的决定性环节，对提高选煤厂的经济效益、节约水资源、减少污水排放有重要意义。

　　本书从煤泥水的溶液化学和胶体化学性质入手，分别研究了水质对煤泥水澄清、煤泥浮选、矿物颗粒间作用行为的影响，提出了循环煤泥水体系的水质调控方法，可实现煤泥水的澄清循环和煤泥的高效浮选。第1章是煤泥水处理技术的研究现状和发展趋势，并结合我国煤炭资源和水资源的特点，介绍了水质调控对煤泥水处理的意义。第2章介绍了试验物料的性质和研究方法。第3章研究了煤泥水的溶液化学和胶体化学特征，并详细介绍了DLVO理论及相关计算，基于Langmuir方程建立了黏土矿物对钙离子的平衡吸附量预测模型，并提出循环煤泥水原生硬度的概念和数学模型。第4章研究了水质对煤泥水澄清的影响，水质硬度越高，煤泥水越容易澄清，并提出煤泥水沉降临界硬度的概念和数学模型。第5章研究了水质对煤泥浮选的影响，通过实验室浮选试验、工业浮选试验和人工混合矿浮选试验，研究表明，水质硬度越高，煤泥浮选效果越差。第6章研究了水质对颗粒间作用行为的影响，通过混合矿物颗粒的Zeta电位分布、颗粒分散-凝聚状态的显微镜下观察、原子力显微镜测力等方法，研究表明，水质硬度越高，颗粒越容易凝聚。第7章提出了水质调控的煤泥水处理方法，通过水质的平衡调控，实现煤泥水的澄清循环和煤泥的高效浮选。水质硬度高，有利于煤泥水澄清；水质硬度低，有利于煤泥浮选。

　　本书的大部分内容为作者近年来从事煤泥水处理方面的研究成果的总结。加拿大阿尔伯塔大学徐政和教授、刘清侠教授对本书第6章涉及研究工作进行了指导，中国矿业大学冯莉教授、王永田教授、张明青教授等对试验工作给予了指导帮助。团队几位研究生李亚南、农海涛、佟震阳等为本书的实验开展、撰写、校稿作出了重要贡献。本书的出版得到中国矿业大学（北京）研究生教材出版基金资助。在此一并表示衷心的感谢。

　　限于作者的学识和水平，书中疏漏之处在所难免，敬请读者批评指正。

作　者

2019年10月

目　录

1 绪 论

◁◁◁

1.1 煤泥水处理技术

由于原煤品质普遍较差，并且随着采煤技术的现代化和机械化的快速发展，导致原煤中的杂质含量较高，必须对原煤进行加工提纯。选煤属于高耗水过程，分选 1t 煤大约需 $3m^3$ 水。煤泥水就是在选煤过程中产生的废水，它属微细固体颗粒在水溶液中的悬浮分散体系。我国原煤入洗率由 2005 年的 30.9% 提高到 2017 年的 70%。我国是一个严重干旱缺水的国家，淡水资源总量为 28000 亿立方米，占全球水资源的 6%，仅次于巴西、俄罗斯和加拿大，居世界第四位，但人均只有 $2200m^3$，仅为世界平均水平的 1/4、美国的 1/5，在世界上名列 121 位，是全球 13 个人均水资源最贫乏的国家之一。而我国煤炭的 2/3 以上处于严重缺水的西北部地区，煤炭资源和水资源呈逆向分布。由于高品质煤需求量的增加和水资源的短缺，要求必须实现煤泥水的澄清循环利用，而煤泥水澄清环节成为保障选煤厂各环节生产和实现洗水闭路循环的决定性环节，对提高选煤厂的经济效益、节约水资源、减少污水排放有重要意义。

1.1.1 煤泥水处理工艺

选煤厂完善的煤泥水系统通常包括：煤泥分选、尾煤浓缩、压滤，缺少任何环节都不能实现煤泥水的闭路循环。我国目前典型的煤泥水处理工艺以及各工艺的应用和优缺点见表 1-1。

表 1-1 典型的煤泥水处理工艺特点

煤泥水处理工艺	优 点	缺 点	应 用
直接浮选—尾煤浓缩—压滤	可以实现洗水闭路，精煤回收充分	投资大、运行成本高	大中型炼焦煤选煤厂
煤泥重介选—尾煤浓缩—压滤	粗煤泥分选精度高，投资小	精煤回收下限 0.1mm，尾煤量大	全重介、难浮选泥选煤厂
煤泥重介选—粗煤泥直接回收—细煤泥浓缩—压滤	投资和运行费用比第一种稍低	适用于分选密度在 1.6kg/L 以上的易选粗煤泥，细煤泥量大、脱水困难	动力煤选煤厂及小型炼焦煤选煤厂

煤泥水处理工艺	优 点	缺 点	应 用
煤泥水浓缩—直接回收	投资小	经济效益低，煤泥脱水困难，设备用量大，洗水闭路循环难度大	动力煤选煤厂及小型炼焦煤选煤厂
煤泥水沉降池	投资小，生产费用低	洗水不能闭路，环境污染和资源浪费严重	小型选煤厂

炼焦煤选煤厂的典型处理工艺流程如图 1-1 所示。该工艺系统包括分选后的脱水、煤泥水的浓缩、煤泥精选及产品脱水、尾煤煤泥水澄清和尾煤脱水四个工序。上述工序构成了煤泥回收和获得低浊度循环水的煤泥水系统，这些工序基本上都是固液分离工序，其目的是从煤泥水中回收煤泥并获得澄清水供选煤厂循环使用。

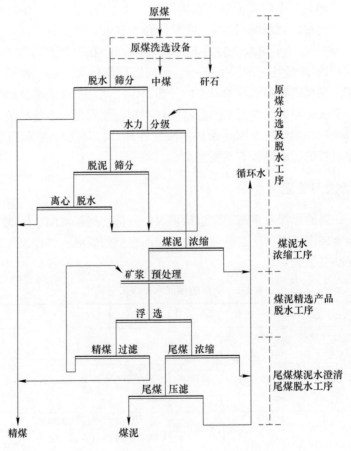

图 1-1 炼焦煤选煤厂煤泥水处理工艺

国外发达国家煤泥水的处理系统都比较完善，煤泥分选-尾煤浓缩-压滤各工艺单元的设备性能都比较好，尤其是煤泥分选设备性能好，为煤泥水的后续处理，煤泥浓缩和煤泥脱水创造了良好的条件。另外，由于入选的原煤性质较好，分选后的煤泥水处理难度不是很大。而且，国外也常采用尾矿库处理煤泥水，经过长时间的沉降可得到澄清的循环水，但是该方法占地面积较大。

1.1.2 煤泥水处理设备

煤泥水的处理设备包括水力分级设备、浓缩和澄清设备、过滤脱水设备和离心脱水设备。

水力分级设备的原理是基于不同颗粒沉降速度的不同。煤泥在水中沉降的速度主要取决于密度、粒度的大小和煤泥水的浓度。上述因素中，沉降速度与颗粒直径的平方成正比，所以，煤泥的沉降速度主要取决于颗粒粒度。选煤厂的水力分级，大多是使煤泥水流过宽阔的池面，在缓慢的水流中，颗粒粒度大的沉降于池底，颗粒粒度小的则顺水溢流出池外。分级临界粒度的大小取决于煤泥在煤泥水中的沉降速度和煤泥水的水平流速。当沉淀池面积一定时，煤泥水的流入量越大，则水平流速快，分级临界粒度就越粗；反之，水平流速越慢，分级临界粒度就越细。一般情况下，分级临界粒度为 0.3~0.5mm。我国水力分级设备多采用斗子捞坑设备，它既是末精煤的脱水设备，又是煤泥的水力分级设备。除此之外，还有角锥沉淀池和倾向板沉淀槽等水力分级设备。

浓缩和澄清设备的作用是使煤泥水中的煤颗粒连续沉降并加以浓缩，从而得到一定浓度的稠煤浆，而将含有少量细煤泥的水从溢流槽分离出去。这些设备可能位于煤泥水处理系统的不同位置，但它们都具有将煤泥浓缩和煤泥水澄清的作用。常用的浓缩和澄清设备有耙式浓缩机、深锥浓缩机和沉淀塔等。耙式浓缩机目前在选煤厂广泛使用，它包括中心传动浓缩机和周边传动浓缩机。

过滤脱水设备是利用人造纤维或金属丝网将煤泥水过滤并脱水。为了提高煤水分离的效果，可以在网的两侧造成一定的压差，在进料侧施加正压或在出水侧施以负压，其相应的设备有压滤机和真空过滤机。

离心脱水设备是利用物料旋转所产生的离心力将固体颗粒和水分离的一种设备。常见的有沉降式离心脱水机。

1.1.3 煤泥水处理药剂

为了使得煤泥水澄清循环利用，通过添加药剂在浓缩机中使固体颗粒沉降来实现固液分离。循环水的浊度和颗粒的沉降速度是评价煤泥颗粒沉降特性的两个重要指标。由于循环水中固体悬浮颗粒会对浮选环节产生不利影响，所以，循环水的浊度应该尽量低。而颗粒的沉降速度直接影响浓缩机的处理量，因此，很难同时保证循环水的低浊度和颗粒的高沉降速度。

近几年我国对一些选煤厂的煤泥水系统也进行了改造，基本形成了闭路循环，但由于各种因素的影响，煤泥水的处理还存在许多问题，有些技术方面的问题还有待进一步研究。污水处理从很大程度上说是固液分离技术。煤泥水治理的目标就是泥水分离，不仅要得到清洁的水，而且还要得到含水率低的煤泥。关于煤泥水处理药剂的研究现状概括起来有以下两种，即有机高分子絮凝剂和无机电解质凝聚剂。

1.1.3.1　有机高分子絮凝剂

有机高分子絮凝剂是煤泥水处理最常用的药剂，对于粗颗粒含量多的煤泥水，只要投加一种有机高分子絮凝剂就可以保证煤泥水达到闭路循环的标准。对于细颗粒含量多、黏土含量高的煤泥水，只投加有机高分子絮凝剂难以保证煤泥水的处理效果。在这种情况下，需将无机盐类混凝剂和有机高分子絮凝剂配合使用。常用的有机高分子絮凝剂主要是聚丙烯酰胺或其衍生物的高聚物或共聚物，具体可分为非离子型（PAM）、阴离子型（APAM）和阳离子型（CPAM）。

（1）非离子型聚丙烯酰胺（PAM）。非离子型聚丙烯酰胺外观为白色粉粒。在水处理方面，一般用于体系偏酸性的污水。

（2）阴离子型聚丙烯酰胺（APAM）。目前用于煤泥水处理较多的絮凝剂是阴离子型聚丙烯酰胺。其外观为白色粉粒，相对分子质量从 600 万到 2500 万，水溶解性好，能以任意比例溶解于水且不溶于有机溶剂，水溶液呈黏稠状，有效的 pH 值范围为 7~14。该类药剂价格稍低，在选矿、造纸以及厂矿污水处理等领域应用较多，且效果很好。但该类药剂对于捕捉带负电荷且表面负电位很高的细泥较难处理。

（3）阳离子型聚丙烯酰胺（CPAM）。该类药剂外观为白色粉粒，相对分子质量从 800 万到 1500 万，离子度为 20%~55%，水溶解性好，能以任意比例溶解于水且不溶于有机溶剂。但其合成难度较大，特别是用化学引发的方式难以获得高阳离子度和高相对分子质量的 CPAM，因此主要用于胶体含量高、色度大的废水处理，很少用于煤泥水沉降。一般国内多用改性法制备 CPAM，但阳离子度低、工艺复杂。聂容春等人采用光引发聚合的方式合成 CPAM，对粒度细、富含高岭土的难沉降煤泥水，絮凝效果较为有效。

研究发现，采用阳离子聚季铵盐丙烯酰胺接枝共聚物 PQAAM 与 PAM 联用处理煤泥水，当 PQAAM 与 PAM 联合使用时沉降速度为 0.743cm/s，透光率为 87%，试验表明，PQAAM 是一种质量优良的新型高效的阳离子絮凝剂。

1.1.3.2 无机电解质凝聚剂

由于煤泥水中微细固体颗粒表面常有剩余电荷，在自然 pH 值下，多数颗粒带负电。为了消除颗粒表面的负电性，使整个颗粒处于电中性状态，颗粒表面附近通过静电作用吸附了一定数量的反号离子，并形成双电层结构。当两个颗粒表面都带负电时，颗粒之间产生静电斥力，正是这种排斥现象的产生才使煤泥水中的固体颗粒保持相对分散状态而难以自然沉降。这种分散是由固体颗粒表面的电荷引起的，所以往煤泥水中加入某种电解质，通过电解质在水中电离出的正电离子去中和固体表面电荷，压缩双电层，降低了颗粒的表面电位，减小了斥力，使凝聚发生。这种电解质称为无机电解质凝聚剂。

在煤泥水处理中采用的无机电解质凝聚剂主要有石灰、硫酸铝、硫酸铁、聚合硫酸铁、聚合氯化铝、聚硅硫酸盐、聚合氯化铝铁等。单独投加无机电解质凝聚剂一般情况下难以保证煤泥水的处理效果，实际工程中常常是将无机电解质凝聚剂和有机高分子絮凝剂配合使用。凝聚剂和絮凝剂混合使用可以有效降低循环水的浊度、降低上清液中悬浮物的浓度，并且在药剂添加过程中采用先加凝聚剂后加絮凝剂的方式，能够达到最优的效果。如：庞庄选煤厂采用硫酸铝与 PAM 配合使用处理煤泥水，尾煤浓缩机溢流水浓度从 $80 \sim 90 g/L$ 降至 $0.35 g/L$；大兴矿选煤厂采用同样工艺处理煤泥水也取得较理想的效果，实现了煤泥水的闭路循环；在阜新清河门矿煤泥水处理过程中，通过采用 $FeSO_4 \cdot 7H_2O$ 和 PAM 两种絮凝剂交替的三点加药方式，即先投加 PAM，再投 $FeSO_4 \cdot 7H_2O$，最后投加 PAM，使该矿煤泥水悬浮物从 $10 g/L$ 降至 $0.268 g/L$，实现了洗水闭路循环。

研究人员在这些常用的凝聚剂的基础上研发处理一系列混凝剂，在煤泥水处理方面取得了更好的成果。如：聂丽君等人合成聚硅硫酸铁（PSPFS），并使用其处理煤泥水，与聚硅硫酸铝和聚合铝对比，聚硅硫酸铁比较适合处理低浓度的煤泥水；王萍等人用含铝离子的聚硅酸复合混凝剂（APSA）对煤泥水同样有良好的处理效果，当投加量为 $8 mg/L$ 时，悬浮物浓度从 $240 mg/L$ 降至 $5.8 mg/L$，再投加 PAM 可使絮团大而紧密，沉降速度加快。

除了上述所用的药剂外，研究人员还利用一些废弃物（如电石渣）作为凝聚剂处理煤泥水。如：李亚峰等人利用废弃电石渣和聚丙烯酰胺配合使用来处理洗煤厂废水。实验研究与理论分析结果表明，电石渣提供了大量的 Ca^{2+}，Ca^{2+} 通过压缩双电层，破坏了煤泥颗粒的稳定性，从而使煤泥颗粒发生凝聚。

虽然煤泥水处理药剂多种多样，且不断推出新品种。但实际上，很大部分药剂并未在我国选煤厂推广使用，目前使用最广泛的还是聚丙烯酰胺和聚合氯化铝、氯化铁。究其原因在于，虽然这些药剂在试验中对特定煤泥水的沉降效果显著，但由于各选煤厂煤泥水性质存在较大差别，所以药剂普适性差，推广情况不好。因此要开发出高效、经济、普适性强的煤泥水处理药剂，就必须对循环煤泥水体系的物理化学性质有全面、深入的认识。

1.1.4 煤泥水处理的水质调控技术

目前，对于煤泥水的处理，更多的研究重心在药剂优化、设备改进和处理工艺上，而对煤泥水水质的研究相对较少。

在实际生产中，我国选煤厂的沉降一直采用以絮凝为主的煤泥水澄清技术。对于以微细黏土颗粒为主的难沉降煤泥水，实际生产中存在以下突出问题：

（1）沉淀效果差，低浓度循环甚至外排。主要使粗颗粒得到絮凝沉降，以黏土矿物为主的微细颗粒往往随水循环甚至积聚。所以，大多数选煤厂的煤泥水处理只是沉降粗颗粒，循环水浓度较高，给选煤过程带来不利的影响。

（2）药剂成本高，运行难保障。由于难沉降煤泥水的药剂成本达每立方米0.8元，甚至更高，使得选煤厂无法保证添加足够药量，也无法使选煤厂的煤泥水系统达到预想效果。

（3）运行波动大，容易呈"胶浊"。由于来料及加药等波动，都会造成煤泥水循环系统与循环水浓度的波动，当煤泥水浓度高时，大量添加絮凝剂还会造成系统呈"胶浊"。这种煤泥水系统的波动都对正常生产带来严重威胁。

鉴于絮凝法处理煤泥水不能彻底实现煤泥水澄清，许多选煤厂尝试采用凝聚剂和絮凝剂配合使用的混凝方法，凝聚剂多采用电石渣、石灰等。该方法在静态试验中澄清效果较好，但在实际的使用过程中，容易在机械表面形成板结，设备不能正常运行，使得系统不能长时间连续稳定运行。此外药剂的添加量没有实现定量控制，因此实际澄清效果并不理想。从经济成本角度看，该方法的药剂成本基本维持在每立方米0.5元左右，对于每小时数千立方米待处理的煤泥水，药剂成本无疑是一项负担，因此许多选煤厂都亏药运行，煤泥水更达不到理想的澄清效果。

不论是絮凝还是混凝方法，都要向煤泥水中添加新物质，许多絮凝剂本身或其单体有毒，容易造成二次污染。石灰或电石渣类凝聚剂虽然没有毒性，但其中含有大量不溶杂质，这些杂质无形中增加了分选系统的负荷，增加了精煤产品的灰分，而且产生的过剩离子可能对后续的浮选作业产生不良影响。此外，这两类方法都是煤颗粒和杂质矿物颗粒之间的非选择性不可逆凝聚，煤泥颗粒浓缩后浮选，这种凝聚特点直接影响浮选过程的分选效率。

所以，必须改变技术思路，从煤泥水本身溶液化学特征出发，开发新的煤泥水澄清技术，同时改善分选效果。

范斌等人认为煤泥水中多价金属阳离子含量是影响煤泥水澄清循环的关键因素，并提出水质硬度调控的煤泥水处理技术，目前已广泛应用于我国各个选煤厂。当加入一些高价金属阳离子（Ca^{2+}、Mg^{2+}、Al^{3+}、Fe^{3+}等），可以压缩黏土颗粒表面双电层，降低颗粒表面水化膜厚度，并降低其负电性，使得颗粒容易发生凝聚。

苏联学者认为，能够实现煤泥水沉降，水中总离子含量必须大于 3000mg/L。这种说法有两点不足：（1）上述结果是基于苏联众多矿化度高的煤泥水提出，不适用于我国煤泥水状况（我国煤泥水总离子含量超过 3000mg/L 的很少）。（2）煤泥水沉降性能并不仅仅取决于总离子含量，更多地受到水质硬度的影响。总离子含量中很大一部分是 Na^+，在一定范围内，Na^+ 对蒙脱石具有分散作用，因此由 Na^+ 浓度增大导致的总离子含量升高并不能改善煤泥水的沉降性能，反而会恶化沉降性能。所以决定煤泥水沉降性能的水质指标应是水质硬度而不是总离子含量。

长期以来，人们笼统地认为随着系统的循环，煤中大量矿物在水中溶解，因此循环煤泥水中同补加水相比肯定是"总离子含量增加，总硬度增加"。苏联学者也提出了煤泥水硬度"单纯增加说"，然而张明青通过对 18 家选煤厂煤泥水水质调查发现，相较于补加水，循环水总硬度（Ca^{2+}、Mg^{2+} 含量）有增加、减小或稳定三种不同的变化趋势，煤泥水总离子含量和硬度变化也具有多样性。

刘炯天等人对我国百余家典型选煤厂煤泥水离子组成及沉降性能做了系统调查研究，初步提出了煤泥水沉降性能"水质决定论"。并提出用矿物型添加剂 MC 调控水质硬度，实现煤泥水的绿色澄清。

1.2 水质对浮选的影响

在选煤厂实现煤泥水闭路循环后，出于矿物盐类、浮选药剂、凝聚剂和细微黏土颗粒的增加，煤泥水的液相和固相组成均有显著变化。

某选煤厂实现闭路循环后，循环水中矿物盐类含量由 1300mg/L 增加到 2400mg/L，非极性和极性药剂的残余浓度增加一倍，达 80~100mg/L；被浮选的煤泥水固体含量由 150~200g/L 降低到 80~100g/L；小于 0.074mm 的颗粒含量由 54% 增至 70%，同时浮选粒度上限由 1mm 降至 0.5mm。在人工闭路循环的条件下，随着循环次数的增加，研究了煤泥水液相组成的变化对泡沫形成和浮选过程的影响。在用循环水多次洗选一批批原煤的条件下，研究了矿物盐类和凝聚剂的积累规律。实验结果表明，随着洗水循环次数的增加，水中 SO_4^{2-}、Cl^-、K^+、Na^+ 含量有所增加，其矿化程度亦有规律地增加，浮选时间逐渐缩短，浮选尾矿灰分显著增加，精煤产率提高 6.5%，但精煤灰分有所上升。

对于凝聚剂对浮选的影响主要有以下三个方面：（1）凝聚剂对浮选过程有不良的影响；（2）凝聚剂只有保持在一定的浓度条件下才对浮选有抑制作用；（3）从煤泥水对气泡作用的影响来看，危害最大的是相对分子质量较小的聚合物，同时，它对浮选的抑制作用却较小。

1.2.1　钙、镁离子对浮选的影响

在煤泥浮选和煤泥水凝聚过程中，煤泥水溶液中的钙离子浓度对煤泥浮选和凝聚有较大影响。当钙离子浓度适中时，对煤泥浮选和凝聚均有明显效果。浓度太小时，效果不太明显；浓度较大时，不利于浮选，有利于凝聚；而浓度过大时，则对浮选、凝聚效果都有恶化作用。钙离子浓度适中时，其和水分子形成具有特殊性质六水配合物 $[Ca(H_2O)_6]^{2+}$，该配合物被煤粒表面吸附，使颗粒表面疏水性提高。钙离子浓度较高时，会形成羟基配合物甚至出现 $Ca(OH)_2$ 沉淀，这些物质在煤粒表面形成小部分吸附或沉淀，降低了颗粒表面的疏水性，浮选效果恶化。此时颗粒有吸附物或沉淀物的部位与没有吸附物或沉淀物的部位相互产生静电吸引，有利于凝聚。钙离子浓度过高时，颗粒上吸附物或沉淀物的面积增大，颗粒间排斥力在增大，凝聚效果恶化。

研究发现，在实验室浮选试验和工业浮选试验中，钙、镁离子可以促进黏土矿物颗粒与煤颗粒的凝聚，从而降低浮选分离效率，使得精煤灰分升高。随着煤泥水水质硬度的升高，浮选精煤灰分可以增加 1% ~ 2%，但精煤产率没有明显变化。水质硬度小于 35°DH 时，水质硬度越高，煤和黏土颗粒之间的凝聚作用越强，精煤灰分越高；水质硬度大于 35°DH 时，这种凝聚作用不再增强，精煤灰分也不再提高。

另外钙、镁离子可以影响微细颗粒悬浮液的稳定性，其中钙、镁离子对微细级的石英、赤铁矿悬浮体的分散稳定性影响显著，它们可使矿粒发生聚沉，而且这种聚沉毫无选择性，钙、镁离子的浓度越高，对微粒悬浮体分散稳定性破坏作用越大。钙、镁离子在矿粒上主要以表面沉淀的形式吸附，颗粒的凝聚行为可能是通过金属氢氧化物沉淀形成的"静电桥"而实现的。

钙、镁离子对浮选过程的影响过程和影响机理中，以绿柱石浮选试验为例，在绿柱石的浮选过程中，钙、镁离子的影响过程和机理主要为钙离子对绿柱石呈现出强烈的活化作用，其次镁离子也有一定的活化作用。但钙离子的活化作用只有在强碱性条件下（即 pH 值大于 11.5）才能体现。同样在碱性条件下，钙离子和镁离子可以显著活化高岭石的浮选，使得高岭石的浮选回收率从 40% 提高到了90%以上，钙离子和镁离子可以显著降低矿物表面电位的绝对值。

1.2.2　重金属离子对浮选的影响

$FeCl_3$ 能电离出 Fe^{3+}，与煤表面—COOH 等活性基团所带的负电荷中和，可使煤表面电动电位降低，从而增加了煤的可浮性。例如，对风化较严重的气煤的浮选试验表明：当 $FeCl_3$ 用量为 16.67kg/t 时，精煤产率、可燃体回收率和浮选完善程度指标分别增加了 50.41%、53.68%、24.43%，精煤灰分仅为 7.22%，

$FeCl_3$ 可以增强浮选选择性。

黄铜矿和方铅矿在浮选过程易受到矿浆中的难免金属离子影响，在浮选过程中使用乙基硫胺酯作为捕收剂时，矿浆中各种难免离子对黄铜矿的可浮性没有较大影响，而对方铅矿浮选有较大影响，其中 Cu^+ 起到了活化方铅矿可浮性的作用，Al^{3+}、Fe^{3+}、Fe^{2+}、Zn^{2+} 和 Cu^{2+} 起到了抑制方铅矿可浮性的作用，而 Mg^{2+} 和 Ca^{2+} 对方铅矿的可浮性没有什么影响。抑制作用的机理可能是因为方铅矿矿石表面对碱性环境中离子与碱生成的氢氧化物沉淀发生了化学吸附，吸附后的方铅矿表面变为亲水性表面而受到抑制。在酸性条件下，随着矿浆 pH 值的降低导致颗粒表面电位值升高，从而恶化了方铅矿的浮选环境，抑制了方铅矿的浮选。因此，结合以上难免离子对方铅矿浮选的影响，人们开始寻找含 Al^{3+}、Fe^{3+}、Fe^{2+}、Zn^{2+} 等离子的化合物作为新型的方铅矿浮选抑制剂。

在对含金黄铁矿浮选试验中，发现 Cu^{2+}、Fe^{2+}、Fe^{3+} 重金属离子对含金黄铁矿的浮选有抑制作用。抑制的主要原因是重金属离子在碱性矿浆中容易在矿物表层生成沉淀，使矿物表面的可浮性发生改变，增加了捕收剂吸附的难度。研究发现，通过添加腐殖酸钠可显著地消除重金属离子 Cu^{2+}、Fe^{2+}、Fe^{3+} 对含金黄铁矿可浮性的抑制作用。

Al^{3+} 对稀土矿物、假象赤铁矿、重晶石和方解石的浮选过程具有强烈的抑制作用，但是其对萤石的抑制作用不明显。铝盐与水玻璃复配使用，抑制效果更佳。同时铝盐的抑制作用会受到矿浆 pH 值的极大影响。在强酸性矿浆中铝盐强烈抑制氟碳钙铈矿，但可活化独居石和氟碳铈矿；在强碱性矿浆中，铝盐对独居石和氟碳钙铈矿的抑制作用得到加强；在弱酸弱碱介质中，增强了对独居石和氟碳铈矿的抑制作用，可活化氟碳钙铈矿。其机理在于铝盐在矿浆中的水解和离解，生成 Al^{3+}、H^+、OH^- 等产物吸附到矿物表面，降低了捕收剂的吸附，使矿物的可浮性恶化。

Al^{3+} 和 Fe^{3+} 在高 pH 值的矿浆环境中，多价金属阳离子可以在煤表面形成羟基配合物，降低了煤表面的疏水性，使煤的回收率下降。

Mn^{2+} 对细粒氧化锑矿物浮选行为有很大的影响。研究发现，当 pH 值呈中性时，Mn^{2+} 能使氧化锑矿物的可浮性发生明显的提高，使微细粒级氧化锑矿物的选别指标大大提高。由于矿浆中 Mn^{2+} 的存在可以抑制氧化锑矿物的水解，避免了 Mn^{2+} 在浮选过程中的这种活化作用。含有锰盐的变性水玻璃对主要脉石类矿物具有明显的选择性抑制作用。因此，当矿浆中 Mn^{2+} 较高时，并且添加适量的水玻璃，可以显著提高微细粒氧化锑矿物的回收率，使浮选环境得到显著改善。

Pb^{2+} 可以改善闪锌矿的可浮性，当矿浆中 Pb^{2+} 浓度高时，可以使闪锌矿的可浮性增加。因此在球磨机中添加硫化钠来抑制 Pb^{2+} 在闪锌矿表面的吸附，从而避免使用大量有毒的氰化物，并且在工业试验中取得了较理想的浮选指标。

1.2.3　pH 值对浮选的影响

郑贵山等人对水质硬度对赤铁矿反浮选过程中石英的浮选性能进行了研究，分别考察了 pH 值和水质硬度对浮选效果的影响。试验表明，随溶液 pH 值升高，石英表面钙离子吸附量逐渐增加；水质硬度较高的情况下，降低 pH 值会改善分选效果；在高水质硬度和溶液中离子含量达到最佳金属离子浓度时，减少活化剂用量和降低 pH 值即可显著改善浮选环境，提高选别指标。

周瑜林等人通过一水硬铝石和高岭石纯矿物的浮选试验和 Zeta 电位测定，研究不同种类的金属离子对一水硬铝石和高岭石浮选行为的影响。研究结果表明，Na^+ 和 K^+ 对这两种矿物的可浮性和 Zeta 电位影响很小；Xu 等人研究了 Ca^{2+} 对煤泥浮选的影响，通过测定不同 Ca^{2+} 浓度下，煤和黏土颗粒的 Zeta 电位分布，认为 Ca^{2+} 的存在改变了体系中颗粒的分散稳定性，使微细的黏土颗粒罩盖在煤颗粒上，从而影响浮选精煤指标。

1.3　煤泥水自动加药控制策略

随着自动加药设备的开发，目前很多企业也将目光投向煤泥水系统的整体自动控制，近年来国内外也已出现了基于不同控制策略的煤泥水加药控制系统，并分别在一些选煤厂得到应用。根据控制策略的不同大致可以分为如下几类：

（1）基于煤泥水溢流浓度检测的控制策略。该方法是通过对浓缩机溢流浓度的检测来控制药剂的添加。具体方法为：选煤厂工人依靠所检测的浓缩机溢流浓度根据经验调整药剂量，并在长期的使用中不断积累，形成实用性较强的经验模型。这种控制方法的优点是控制策略较为简单，也容易实现，对于可处理程度较好的煤泥水，该方法具有操作简单、容易实现的特点。但是对于难沉降的煤泥水来讲，药剂作用的滞后，特别是细泥循环或积聚时，药剂添加难以及时奏效，甚至形成"胶浊"。在这种情况下，难以建立循环水浓度与药剂添加量之间的精确关系，无法实现煤泥水系统的及时加药与自动控制。由于该控制方法滞后性时间长，不能及时调控药剂用量，因此很容易造成"亏药"沉降或药剂过量，从而影响煤泥水沉降效果或造成药剂浪费。

（2）基于泥水界面测定的控制策略。这种控制策略是人们参照污水处理作业中通过检测沉淀池中的泥水界面而提出的，并将该方法移植到煤泥水处理作业中，通过检测浓缩机澄清层厚度控制加药量，从而控制浓缩机的溢流。该方法由国外引进，在我国的一些选煤厂得到了应用，但就目前的使用情况来看，效果有好有坏。主要问题是检测误差较大，且检测数据波动大，究其原因并不是检测仪器本身的问题，而是由于煤泥水处理作业与污水处理作业是两个不同的系统，在污水处理系统中，颗粒粒度较均匀、沉降时间较长，因此泥层界面较清晰。但是在煤泥水系统中，煤泥粒度组成复杂，并且煤泥水处于一个强制快速循环的系统，颗粒沉降时间较短，因此很难形成清晰的固液界面，导致超声波泥水界面仪也无法精确地检测到泥层厚度，致使检测值偏差较大，且数据波动较大。因此这种套用污水处理的方法其实可用性并不强。

（3）基于煤泥水处理量检测的控制策略。检测浓缩机入料的流量和固体颗粒浓度，根据入料的总固体颗粒含量来计算药剂的添加量，通过流量传感器和浓度传感器把检测数据发送到上位机，经计算并输出信号来控制加药泵的变频器，从而实现煤泥水的自动加药。该控制方法忽略了固体颗粒的组成成分，不同固体颗粒的沉降性能不同，黏土矿物较难沉降。因此，对于煤源经常发生变化或煤质波动较大的选煤厂，该方法适用性不强。

1.4 水质调控的煤泥水处理意义

水质调控的煤泥水处理意义包括以下几个方面：

（1）节水与保障矿区环境可持续发展的战略需求。在目前以及未来相当长时间内，煤炭作为我国的主体能源对我国经济发展和综合实力的重大支撑作用不可替代。但同时也成为我国经济增长受资源、环境约束矛盾的焦点。选煤是高耗水产业，而我国煤炭 2/3 以上处于严重缺水的西北部地区，煤炭资源和水资源呈逆向分布，因此水资源短缺将成为限制煤炭洁净加工的瓶颈。随着煤炭加工利用与资源环境矛盾的日益凸显，在国家中长期科学和技术发展规划中，将研究煤的清洁高效开发和工业用水循环利用技术列为能源和水资源重点领域的优先课题。我国的煤炭生产和利用已处于世界第一位，亟待从解决资源环境瓶颈问题的创新性技术研究切入，建立我国特色的煤炭高效分选工艺和煤泥水绿色澄清技术，从源头节约资源，减少废水的排放，为产业的可持续发展提供科技支撑。

（2）煤泥水澄清方法面临新的选择。长期以来，选煤厂浓缩机的沉降面积一再扩大，药剂成本不断增加，但"洗水闭路循环，煤泥厂内回收"的目标始终难达到。造成这种状况的重要原因是对煤泥水性质认识不清楚，对循环煤泥水体系的溶液化学、胶体化学反应机制及其与生产环节的内在联系研究缺失，导致直接影响到技术选择。实质上难沉降煤泥水是以黏土为主的高浓微细分散体系，有机高分子絮凝的局限，化学添加剂的成本约束，使得必须寻找更多的选择。基于水质调控的难沉降煤泥水的绿色澄清方法就是在这种背景下做出的一种选择。

（3）亟需加强水质对选煤过程影响的基础研究。选煤厂循环煤泥水是一个相对闭合的循环体系，将数个环节的煤炭分选和煤泥水澄清有机结合。分选环节主要借助煤和杂质矿物之间的粒度、密度和表面性质差异进行分离，差异越大，分离效果越好。在实际生产过程往往通过人为加剧这种差异来优化分选效果。然而，保证良好的煤泥浮选效果，往往澄清效果极差，反之，良好的颗粒沉降环境会使浮选精煤灰分提高。研究表明，若用含泥循环水作为块精煤产品冲洗水，将直接使产品质量降低 1~2 档；若循环水中残余药剂含量高，也会使浮选精煤产品质量下降 1~2 档。因此，需要加强水质对煤泥水澄清和煤泥浮选的影响机理研究。

（4）亟需建立高效选煤相适应的煤泥水水质调控方法。随着国民经济的快速发展，煤炭与选煤也呈现从未有过的快速发展势头。煤炭入选量已超过 25 亿吨，以重介质分选为代表的新选煤技术较好地适应了选煤发展的需求。既要保证煤泥水的澄清循环，又要保证煤泥的高效浮选。因此，开发与高效选煤相适应的煤泥水水质调控方法迫在眉睫。

2 试验物料性质与研究方法

<<<<<<<<<<<<<<<<<<<<<<<<<<<<<<<<<<<<<<<<<<<<<<<<<<<<<<<<<<<<<<<<<<<<

2.1 物料性质分析

试验煤样取自某选煤厂浓缩机入料和浮选入料，分别用于沉降试验和浮选试验。对两个样品做 X 射线衍射分析和粒度分析。

浓缩机入料的 X 射线衍射分析如图 2-1 所示，粒度分析见表 2-1。该沉降试验物料的灰分为 53.68%，物料以微细颗粒为主，-0.045mm 占 69.89%。脉石矿物以高岭石为主，其次是石英、伊利石和伊/蒙混层，并含有少量的方解石、白云石和黄铁矿。

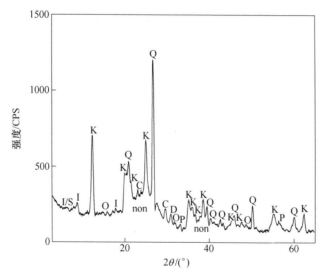

图 2-1　沉降试验物料的 X 射线衍射图谱

non—非晶物质（多）；K—高岭石（多）；Q—石英；I—伊利石；I/S—伊/蒙混层；
C—方解石（少）；D—白云石（少）；P—黄铁矿（少）；O—其他（少）

表 2-1　沉降试验物料的粒度分析

粒径/mm	占本级/%	灰分/%	筛上累计/%	筛下累计/%
+0.5	0.65	30.64	0.65	100.00

续表 2-1

粒径/mm	占本级/%	灰分/%	筛上累计/%	筛下累计/%
-0.5+0.3	2.44	16.09	3.09	99.35
-0.3+0.2	5.77	14.52	8.86	96.91
-0.2+0.15	0.30	15.10	9.16	91.14
-0.15+0.13	4.41	18.99	13.57	90.84
-0.13+0.074	13.37	30.61	26.94	86.43
-0.074+0.045	3.17	45.82	30.11	73.06
-0.045	69.89	65.56	100.00	69.89
合计	100.00	53.68		

浮选入料的 X 射线衍射分析如图 2-2 所示，粒度分析见表 2-2。该浮选试验物料的灰分为 23.70%，物料以微细颗粒为主，-0.045mm 占 66.46%，且灰分为 31.10%，该粒级的灰分较高，因此，实现 -0.045mm 的微细颗粒的有效分离是分选的重点。脉石矿物以高岭石和石英为主，含有少量的伊利石、方解石和白云石。

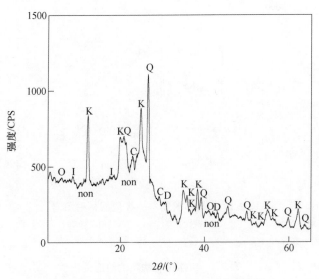

图 2-2　浮选试验物料的 X 射线衍射图谱

non—非晶物质（多）；K—高岭石（多）；Q—石英；I—伊利石；I/S—伊/蒙混层；
C—方解石（少）；D—白云石（少）；P—黄铁矿（少）；O—其他（少）

表 2-2 浮选试验物料的粒度分析

粒径/mm	占本级/%	灰分/%	筛上累计/%	筛下累计/%
+0.5	0.24	15.44	0.24	100.00
-0.5+0.3	2.01	7.95	2.25	99.76
-0.3+0.2	5.67	8.25	7.92	97.75
-0.2+0.15	3.79	9.67	11.71	92.08
-0.15+0.13	1.45	9.05	13.16	88.29
-0.13+0.074	14.12	9.94	27.28	86.84
-0.074+0.045	6.26	7.40	33.54	72.72
-0.045	66.46	31.10	100.00	66.46
合计	100.00	23.70		

本书所述研究还使用一些纯矿物做吸附试验、浮选试验和分析检测，高岭石、蒙脱石、伊利石和石英都是粉状，购自 WARD's Natural Science（Rochester, NY），纯度为 95%以上，经化学成分分析，高岭石、蒙脱石、伊利石中的 SiO_2 和 Al_2O_3 的总含量都在 90%以上，且石英中的 SiO_2 含量达到 99.7%，实验数据见表 2-3。以浮选入料的原料，在 1250kg/m^3 的重液中，使用浮沉法来人工制备煤的纯矿物，取上浮产品反复用蒸馏水洗，制得煤的纯度为 96.43%。

表 2-3 纯矿物试样的化学成分分析 （%）

化学成分	高岭石	蒙脱石	伊利石	石英
SiO_2	48.53	74.83	69.08	99.70
Al_2O_3	47.84	14.97	21.02	0.15
Fe_2O_3	0.29	3.02	1.93	0.05
CaO	0.16	2.96	3.24	0.03
MgO	0.00	2.13	1.53	0.00
Na_2O	0.15	1.76	2.44	0.00
K_2O	1.78	0.29	0.69	0.06
TiO_2	0.79	0.00	0.00	0.00
P_2O_5	0.16	0.00	0.00	0.01

五种纯矿物的粒度分布曲线如图 2-3 所示，其粒度分布范围为 0.03~70μm，石英和伊利石的粒度分布范围较窄，其他三种矿物的粒度分布较宽。

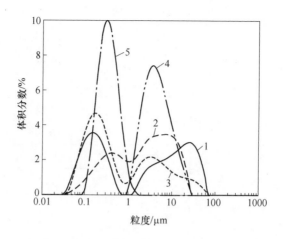

图 2-3　纯矿物试样的粒度分布

1—煤；2—高岭石；3—蒙脱石；4—伊利石；5—石英

2.2　研究方法

2.2.1　煤泥水沉降试验

煤泥水沉降试验步骤如下：

（1）称取试样一定量，将称好的煤样倒入 1L 量筒中，并注入少量清水进行润湿，上下倒置，直至煤泥全部润湿并分散在水中为止；或者直接量取 1L 现场采集的煤泥水样。

（2）用普通坐标纸制成纸带，粘贴于 1L 量筒壁上，以液面为原点，单位为 mm，方向向下建立纵坐标系。

（3）将蛇形日光灯管扭成垂直状，开启开关，放置在量筒附近，以观察量筒澄清界面的形成和下降情况。

（4）根据药剂单元耗量计算，分别用注射器吸取相应水质调整剂和絮凝剂溶液用量，一次性加入待试验的量筒中，盖紧橡胶塞。

（5）将量筒上下翻转 5 次，转速以每次翻转时气泡上升完毕为止。平行实验中翻转次数、力度和时间应基本一致。

（6）当翻转结束后，迅速将量筒立于日光灯管前，并立即开始计时。

（7）澄清界面每下降 0.5~1cm 的距离，记录沉降时间，开始时沉降速度较快，以 1cm 为记录间隔，待澄清界面接近压缩区时，再以 0.5cm 为记录间隔，直至沉淀物的压缩体积不发生明显变化时为止。

（8）计算初始沉降速度，并测试沉降 5min 后上清液的浊度。

2.2.2 煤泥浮选试验

浮选试验使用单槽或挂槽浮选机，取一定量的试样置于浮选槽中，加适量浮选用水，搅拌一定时间，依次加入各种浮选药剂，浮选的泡沫产品（精煤）和尾煤分别过滤、烘干、称重、化验灰分。

2.2.3 Ca²⁺吸附试验

配置一系列不同浓度的 Ca^{2+} 溶液，用离子计测定其精确浓度，准确称取 1.0000g 吸附剂样品若干份，分别加入上述 Ca^{2+} 溶液中（100mL）。吸附反应在振荡速度为 200r/min 的恒温振荡下进行，反应温度为 25°C，吸附反应时间约为 6h。吸附反应完成后，经过离心分离，取上清液测定其中 Ca^{2+} 的浓度。

实验采用精密离子计测定溶液中 Ca^{2+} 的浓度，使用 KCl 为离子强度调节剂，并保持 KCl 浓度为 0.2mol/L。式（2-1）用于计算黏土矿物对 Ca^{2+} 的表观吸附量：

$$q_e = \frac{(c_0 - c_e) \times 40}{a_m} \tag{2-1}$$

式中，q_e 为黏土矿物对 Ca^{2+} 的平衡吸附量，mg/g；c_0 为 Ca^{2+} 初始浓度，mmol/L；c_e 为吸附平衡时的 Ca^{2+} 浓度，mmol/L；a_m 为黏土矿物的质量浓度，g/L。

2.2.4 水质硬度化验方法

用 20mL 移液管移取水样于 250mL 锥形瓶中，加氨性缓冲溶液 6mL（34g 氯化铵+286mL 氨水+214mL 去离子水），1:1 三乙醇胺溶液 3mL，EBT 指示剂 3~4 滴，用 EDTA 标准溶液滴定，至溶液由紫红色变为蓝色即为终点。平行测定 3 次，取平均值。

2.2.5 SEM 和 EDS 分析

扫描电子显微镜（SEM）可以用来观察颗粒形貌及颗粒分散聚集状态，采用配备 X 射线能谱分析（EDS）的 HITACHIS-3400N 扫描电子显微镜。EDS 可以分析试样某一点（"+"）上的元素组分，从而确定是何种矿物，各元素的峰值大小不能准确地确定元素的含量，但是可以知道元素的相对含量大小。

2.2.6 XPS 分析

试样在真空干燥箱 40°C 下烘干，取 150mg 压片，测试采用 Kratos Axis 光谱仪，使用带单色器的铝靶 X 射线源（Al K_α，$h\nu = 1486.71eV$），分析室真空度优于 $5 \times 10^{-10}Torr$，通过能为 20eV，谱图均以碳污染物结合能 284.80eV 进行荷电校正。

2.2.7　Zeta 电位分布测定

Zeta 电位分布的测定是使用 Zetaphoremeter Ⅲ 仪器完成的，使用煤、高岭石、蒙脱石、伊利石和石英五种纯矿物分别配置浓度为 0.2g/L 的悬浮液 1L，分别按 1∶1 的比例取煤和其他四种纯矿物的悬浮液混合在一起，并添加一定量的高浓度盐溶液，用注射器把混合均匀的悬浮液注入电泳槽中，通过激光照明和 CCD 成像系统，观察和记录 20~100 个颗粒的运动轨迹，仪器的软件系统利用 Smoluchowski 方程把颗粒的运动距离转换为 Zeta 电位值，测量在室温下进行（23℃±1℃）。

2.2.8　诱导时间测定

诱导时间是指矿物颗粒能够黏附在气泡上的最短接触时间。试验采用实验室自制的 Induction timer 测定仪。在一个透明的玻璃槽中盛有盐溶液，在槽底均匀平铺一层一定粒级的矿物颗粒，在溶液中插入一根微细的玻璃管，在玻璃管下口处挤出一个气泡，设定并调节气泡与矿物颗粒的距离，通过扩音器控制气泡向下移动去接触矿物颗粒，并设定接触时间，接触时间由小增大，直到气泡黏附上颗粒为止。气泡能把矿物颗粒黏附上来的最短接触时间，称为诱导时间。

2.2.9　颗粒间作用力测定

使用原子力显微镜（AFM）测定球形颗粒与平板颗粒在溶液中的作用力大小。在显微镜下用双成分胶把粒度约为 10μm 的颗粒粘到悬臂上，该悬臂的宽度为 100μm，弹性系数为 0.58N/m。利用显微镜用薄片切片机（microtome）切出一个比较平整的平面。在不同离子浓度的盐溶液中，在接触模式下，测定颗粒靠近过程中的作用力变化。

3 煤泥水的溶液化学和胶体化学特征

<<<<<<<<<<<<<<<<<<<<<<<<<<<<<<<<<<<<<<<<<<<<<<<<<<<<<<<<<<<<<<<<

把一种或几种物质分散在另一种物质中就形成分散体系。被分散的物质称为分散相，另一种物质称为分散介质。分散相与分散介质以分子或离子形式相互混溶，分子及离子半径小于 10^{-9} m，这种分散体系称为分子分散体系（溶液），如 $CaCl_2$ 溶液；分散相粒子半径在 $10^{-9} \sim 10^{-5}$ m 之间的称为胶体分散体系，如金溶胶；分散相粒子半径大于 10^{-5} m 的称为粗分散体系。循环煤泥水体系包括水、离子和固体颗粒，同时存在分子分散体系、胶体分散体系和粗分散体系，所以，循环煤泥水体系是多相多种分散态共存的混合分散体系。本章从溶液化学的角度来研究循环煤泥水体系中发生的矿物溶解和离子交换，并从胶体化学的视角来探讨固体颗粒的赋存状态。

3.1 煤中矿物组成和矿物性质

煤中的矿物组成和矿物性质决定了循环煤泥水体系的性质及体系中固体颗粒的成分。煤中主要含有煤和各种矿物。煤性脆、易被粉碎成微细颗粒，但由于具有较强的疏水性，颗粒之间容易凝聚成团，而且煤在水中不会发生溶解反应，所以煤对循环煤泥水体系的溶液化学和胶体化学性质影响不大。本节将重点研究煤中脉石矿物的性质。

3.1.1 煤中矿物组成

通过对五个煤样进行 XRD 分析，煤中的脉石矿物质组成见表 3-1，它包括黏土矿物、氧化矿物、碳酸盐矿物、硫化矿物、硫酸盐矿物及其他矿物。

表 3-1　五个煤样的脉石矿物组成

煤样	矿物含量（质量分数）/%							
	高岭石	伊利石	蒙脱石	绿泥石	伊蒙混层	黏土矿物小计	石英	氧化矿物小计
枣庄	10.50	0.00	0.00	0.00	0.00	10.50	6.54	6.54
大屯	75.68	0.00	0.00	0.00	0.00	75.68	9.12	9.12

煤样	矿物含量（质量分数）/%							
	高岭石	伊利石	蒙脱石	绿泥石	伊蒙混层	黏土矿物小计	石英	氧化矿物小计
邢台	46.76	9.51	4.25	0.00	15.99	76.52	10.73	10.73
石台	58.15	0.00	0.00	0.00	11.17	69.32	30.68	30.68
临涣	49.71	7.24	5.14	3.43	9.14	74.67	15.62	15.62

煤样	矿物含量（质量分数）/%							
	方解石	白云石	菱铁矿/针铁矿	碳酸盐小计	黄铁矿	石膏	硫化矿及硫酸盐小计	其他
枣庄	35.07	35.04	0.00	70.11	7.28	5.57	12.85	0.00
大屯	10.00	5.20	0.00	15.20	0.00	0.00	0.00	0.00
邢台	2.23	1.01	0.61	3.85	2.23		2.23	6.68
石台	0.00	0.00	0.00	0.00	0.00		0.00	0.00
临涣	2.29	0.95	0.38	3.62	1.90	0.00	1.90	4.19

　　黏土矿物是煤中最主要的脉石矿物，后四个煤样的黏土矿物含量都超过60%，常见的有高岭石、伊利石和蒙脱石。高岭石是煤中最主要的黏土矿物，其含量明显多于其他黏土矿物，这是由于泥炭中有机酸的存在有利于高岭石的形成。

3.1.2　煤中矿物性质

3.1.2.1　黏土矿物性质

A　黏土矿物的表面电性

　　黏土矿物的结构层（硅氧四面体片和铝氧八面体片）通常带有电荷。黏土矿物的电荷是使黏土矿物具有一系列电化学性质的根本原因，并直接影响着黏土矿物的性质。根据电荷来源，黏土矿物的电荷可分为两类：永久电荷（结构电荷）与表面电荷（可变电荷）。

　　永久电荷一般源于矿物晶格中的类质同象置换，但也可以由结构缺陷产生。这种负电荷的数量取决于晶格中的替代离子的多少，与环境的 pH 值无关，因此称为永久电荷。由于不同黏土矿物晶格中离子的替代情况不同，所以，不同的黏土矿物的永久电荷多少也不同。蒙脱石的每个单位晶胞含有 0.25~0.60 个结构负电荷，它主要源于铝氧八面体片中的二价镁离子和二价铁离子等对三价铝离子的替代。而伊利石因为大约有 1/4 的四价硅离子被三价铝离子替代，所以每个单位晶胞中的负电荷为 0.6~1。一般地说，高岭石是电中性的。黏土矿物的永久（或结构）负电荷大部分是分布在黏土矿物晶层的层面上。

表面电荷一般是源于发生在黏土矿物表面的结构变化，同样，表面电荷也可以由表面离子的吸附作用产生。表面电荷与 pH 值有关，因此，表面电荷也称为可变电荷。与永久电荷不同，表面电荷不是产生于黏土矿物结构层的内部，而是产生于矿物的表面。如层状硅酸盐矿物边缘裸露的各种羟基、端面的断键、1:1 型层状硅酸盐矿物的铝氧八面体基面。表面电荷是由沿黏土矿物结构表面的 Si—O 断键、Al—OH 断键等的水解作用产生的，如 O^{2+} 与 H^+ 成键形成羟基（—OH）。这些具有路易斯酸碱特征的表面羟基是两性的，既能作为酸，也可以作为碱，是产生表面电荷的重要机理。它们可以以下述形式进一步与 H^+ 或 OH^- 作用：

$$MOH + H^+ \longrightarrow M—OH_2^+ \tag{3-1}$$

$$MOH + OH^- \longrightarrow M—O^- + H_2O \tag{3-2}$$

式中，M 代表 Al^{3+}、Si^{4+} 等离子。

由这些表面反应形成的净电荷可以是正电荷，也可以是负电荷，主要取决于硅酸盐矿物的结构、溶液的 pH 值和盐度。在相对较低的 pH 值条件下，样品将具有阴离子交换能力；在相对较高的 pH 值条件下，样品将具有阳离子交换能力。

黏土矿物的表面电荷和永久电荷共同构成黏土矿物的总净电荷，在蒙脱石等 2:1 型黏土矿物中，表面电荷小于总电荷的 1%，而在高岭石等黏土矿物中，表面电荷构成总净电荷的主要部分。黏土矿物的净电荷是其正负电荷的代数和。由于黏土矿物的负电荷一般都多于正电荷，所以黏土矿物一般都带有负电荷。

B　黏土矿物的泥化特性与比表面积

高岭石属于 1:1 型黏土矿物，两晶片之间靠氢键结合在一起，电荷基本上是平衡的，因此高岭石晶层牢固，晶格无扩展性，无分散性和膨胀性。高岭石颗粒在水中具有较小的比表面积和较大的粒径。高岭石晶体结构示意如图 3-1 所示。

伊利石属于 2:1 型矿物，上下两个面上的离子虽然没有形成氢键，但 K^+ 使晶片与晶片之间获得很好的结合，故伊利石晶层牢固，晶格无扩展性，其分散性和膨胀性居于高岭石和蒙脱石之间。

虽然蒙脱石也属于 2:1 型矿物，但晶层之间既没有氢键，也没有 K^+ 链接，水可以进入晶层，使得晶体体积产生很大变化。同时蒙脱石中类质同晶现象较多，产生负电荷也较多，需要吸附大量的阳离子来平衡多余的负电荷。蒙脱石晶体结构如图 3-2 所示。

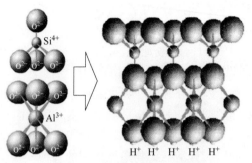

图 3-1　高岭石晶体结构示意图

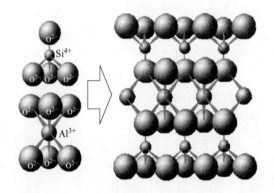

图 3-2　蒙脱石晶体结构示意图

　　黏土矿物的亲水性是黏土矿物的一个重要属性。由于黏土矿物表面上的羟基和氧原子以及各种交换阳离子的水合作用，而且黏土矿物性脆易碎，使得黏土矿物在分散体系中迅速呈微细颗粒存在，这就形成了黏土矿物泥化。泥化形成微细颗粒，并产生巨大表面积是黏土矿物的一大特点。部分黏土矿物的最大比表面积见表 3-2。

表 3-2　三种黏土矿物的最大比表面积

黏土矿物	比表面积/m² · g⁻¹		
	内表面积	外表面积	总表面积
蒙脱石	750	50	800
高岭石	0	15	15
伊利石	5	25	30

3.1.2.2　氧化矿物性质

煤中氧化矿物主要为石英。石英矿物密度大、不易机械粉碎和泥化、界面化学性质稳定。石英表面荷负电，但由于粒度粗，比表面积小，所以对煤炭的洗选加工影响较小。

3.1.2.3 碳酸盐矿物性质

煤中的碳酸盐矿物主要有方解石和白云石。这两类矿物可以在水中溶解产生金属阳离子 Ca^{2+} 和 Mg^{2+}，减少循环煤泥水体系中其他黏土矿物的负电性。

3.1.2.4 硫化矿物性质

煤中的硫化矿物主要是黄铁矿。硫化矿物在水中形成酸性溶液环境，促进了盐类矿物在水中的溶解。

3.1.2.5 硫酸盐矿物性质

煤中的硫酸盐矿物主要是石膏。石膏的溶解度比方解石和白云石大，可以溶解产生大量的 Ca^{2+}，对循环煤泥水体系的性质起到至关重要的影响。

综上所述，黏土矿物表面荷负电、易泥化、对金属阳离子有较好的吸附性能，碳酸盐矿物和硫酸盐矿物可溶解产生金属阳离子，这三类矿物对循环煤泥水体系的性质影响较大。

3.2 循环煤泥水体系的溶液化学反应

在循环煤泥水体系中，主要的阳离子为 K^+、Na^+、Ca^{2+}、Mg^{2+}，阴离子为 Cl^-、SO_4^{2-}、HCO_3^-。本节将对这些离子的来源做简要分析。

3.2.1 矿物溶解反应

矿物溶解反应指原煤中的氯化物、硫酸盐类（石膏）和碳酸盐类（方解石和白云石）等矿物质在水中的溶解反应。

氯化物：
$$NaCl \longrightarrow Na^+ + Cl^- \tag{3-3}$$

硫酸盐类（石膏）：
$$CaSO_4 \rightleftharpoons Ca^{2+} + SO_4^{2-} \tag{3-4}$$

碳酸盐类（方解石和白云石）：
$$CaCO_3 + CO_2 + H_2O \rightleftharpoons Ca^{2+} + 2\,HCO_3^- \tag{3-5}$$

$$CaMg(CO_3)_2 + 2CO_2 + 2H_2O \rightleftharpoons Ca^{2+} + Mg^{2+} + 4\,HCO_3^- \tag{3-6}$$

从上述矿物溶液反应可知，循环煤泥水体系中的离子种类和含量与原煤中的矿物质种类和含量有关。

二价金属阳离子在溶液中发生水解反应，生成羟基配合物，以不同形式存在于溶液中，各组分的浓度可通过溶液平衡关系求得。以 Ca^{2+} 为例，在循环煤泥水体系中，经计算 Ca^{2+} 浓度为 1mmol/L 时各组分浓度与 pH 值关系如图 3-3 所示。

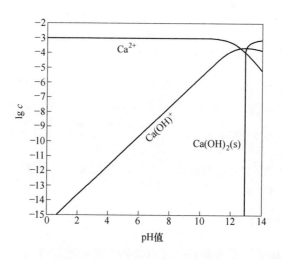

图 3-3　Ca^{2+} 的 lgc-pH 关系曲线

由图 3-3 可以看出，Ca^{2+} 在水溶液中有三种存在形式。在 pH 值小于 12.89 时，溶液中主要存在 Ca^{2+} 和 $Ca(OH)^+$ 并且随着 pH 值升高溶液中的 $Ca(OH)^+$ 浓度逐渐增大。当 pH 值大于 12.9 时，Ca^{2+} 主要以 $Ca(OH)_2$ 沉淀的形式存在。

3.2.2　离子交换反应

根据交换离子的不同，离子交换可以分为阳离子交换和阴离子交换。在循环煤泥水体系中，黏土矿物的阴离子交换容量小于阳离子的交换容量，因此在循环煤泥水体系中主要是 K^+、Na^+ 和 Ca^{2+}、Mg^{2+} 的阳离子交换反应，在黏土颗粒表面的阳离子与循环煤泥水体系中阳离子发生离子交换，以 Ca^{2+} 和 Na^+ 之间的离子交换为例：

$$黏土 \cdot 2Na + Ca^{2+} \longrightarrow 黏土 \cdot Ca + 2Na^+$$

离子交换的反应规律是：离子价态越高，离子半径越大，水化离子半径越小，交换能力越强（H^+ 除外）。常见离子的交换能力的强弱顺序为：

$$H^+ > Fe^{3+} > Al^{3+} > Ca^{2+} > Mg^{2+} > K^+ > Na^+$$

通常用阳离子交换容量来表示黏土矿物对阳离子吸附能力的大小，主要黏土矿物的阳离子交换容量见表 3-3。

表 3-3　三种黏土矿物的阳离子交换容量

矿　物	高岭石	蒙脱石	伊利石
阳离子交换容量/meq · g^{-1}	0.01~0.1	0.8~1	0.2~0.4

蒙脱石的交换容量最大，伊利石次之，高岭石最小，该容量与三种矿物的最大比表面积大小一致。由于蒙脱石的层间距可膨胀扩大，其80%以上的交换容量分布在层面上；而高岭石的晶层牢固，无膨胀性，可交换离子主要分布在颗粒表面上。

3.2.3 水质分析

在第3.1节对五个选煤厂的煤样做了矿物组成分析，本节研究这五个选煤厂的水质状况。分别化验选煤厂补加水和循环水的离子组分，水质分析见表3-4。

表3-4 五个选煤厂的水质分析 （mg/L）

水源		Na^+、K^+	Ca^{2+}	Mg^{2+}	Al^{3+}	Fe^{3+}	Cl^-	SO_4^{2-}	HCO_3^-	总离子	水质硬度 /mmol·L^{-1}
枣庄	补加水	76.4	567.6	224.0	0.0	0.0	760.8	307.5	124.3	2006.6	23.5
	循环水	268.4	594.8	320.6	0.0	0.0	1007.6	675.5	259.4	3126.3	28.2
大屯	补加水	249.7	520.2	147.0	0.7	2.9	337.4	1758.7	95.0	3211.6	19.3
	循环水	406.1	454.9	128.9	0.7	2.7	347.1	1912.1	94.9	3347.4	16.9
邢台	补加水	15.4	50.0	15.7	0.0	1.9	23.0	0.0	175.3	281.3	2.0
	循环水	330.1	33.1	12.6	0.0	2.4	42.0	152.2	590.0	1162.3	1.4
石台	补加水	50.02	107.6	31.3	0.0	0.0	75.2	133.7	301.2	699.1	4.0
	循环水	311.5	21.0	9.4	0.1	3.6	64.0	180.9	604.9	1195.3	1.0
临涣	补加水	216.8	69.6	53.7	1.3	0.0	58.6	300.7	582.8	1283.4	4.1
	循环水	424.2	13.6	9.9	0.6	2.9	101.1	446.7	481.8	1480.8	0.9

结合五个选煤厂的水质分析和煤样的矿物组成分析，由表3-1和表3-4可知，枣庄选煤厂循环水的水质硬度较高，是因为补加水的水质硬度高，且煤中矿物组成以碳酸盐矿物和硫酸盐矿物为主，含有少量的黏土矿物。大屯选煤厂补加水和循环水的水质硬度分别为19.25mmol/L和16.86mmol/L，由于煤中仅含有大量高岭石和少量的碳酸盐矿物，不含有其他黏土矿物，所以循环水的水质硬度略低于补加水的水质硬度。邢台、石台和临涣选煤厂的补加水和循环水的水质硬度都很低，且循环水的水质硬度低于补加水的水质硬度，是因为此三种煤中的矿物组成以黏土矿物为主，尤其是含有蒙脱石、伊利石和伊蒙混层，此类矿物吸附大量的Ca^{2+}和Mg^{2+}，使得循环水的水质硬度较低，且补加水多为当地的低水质硬度的地下水，地下水的水质硬度也与地下矿物组成有关。

总之，循环水的水质硬度由补加水的水质硬度和煤中矿物组成共同决定。

3.3　循环煤泥水体系的胶体化学特征

循环煤泥水体系中含有胶体分散体系。胶体的性质包括：丁达尔效应、布朗运动、电泳和胶体凝聚。本节从胶体化学的角度分析循环煤泥水体系中胶体颗粒的分散凝聚状态。

3.3.1　双电层模型的相关计算

1879 年，Helmholtz 在研究胶体在电场作用下的运动时，最早提出了一个双电层模型。这个模型如同一个平板电容器，认为固体表面带有某种电荷，介质带有另一种电荷，两者平行，且相距很近。

由于 Helmholtz 模型的不足，1910 年和 1913 年，Gouy 和 Chapman 先后做出改进，提出了一个扩散双电层模型。这个模型认为，介质中的反离子不仅受固体表面离子的静电吸引力，从而使其整齐地排列在表面附近，而且还要受热运动的影响，使其离开表面，无规则地分散在介质中。

1924 年，Stern 考虑了被吸附离子的尺寸对双电层的影响，从而进一步改进了 Gouy-Chapman 扩散双电层模型，使它能够较为确切地用来描述胶体的电学性质和稳定性。Stern 认为 Gouy-Chapman 模型中的扩散层应分成两个部分：第一部分包括吸附在表面的一层离子，形成一个内部紧密的双电层，称为 Stern 层；第二部分才是 Gouy-Chapman 扩散层。

1947 年，Grahame 进一步改进了 Stern 模型，他将 Stern 层细分成两层。对于带负电荷的固体表面，他认为首先化学吸附不水化的负离子和在固体表面定向排列的水分子，形成一个以内 Helmholtz 平面（IHP）表示的内层，紧接着吸附水化的正离子，形成以外 Helmholtz 平面（OHP）表示的外层。在外层的外面是 Gouy-Chapman 扩散层。

定量计算双电层模型是一项棘手的工作，为此，对 Gouy-Chapman 模型作了几个假设，从而简化模型，对模型进行定量处理。对 Gouy-Chapman 模型的几个假设：

（1）假设颗粒表面是一个无限大的平面，表面上电荷是均匀分布的。

（2）扩散层中，正负离子都可视为按 Boltzmann 分布的点电荷。

（3）介质是通过介电常数影响双电层的，且它的介电常数各处相同。

3.3.1.1　双电层扩散层内的正负离子的数密度分布

固体颗粒的表面电势为 ψ_0，相距 x 处的电势为 ψ，便可按 Boltzmann 分布定律，写出相距 x 处的正负离子的数密度为：

$$n_i = n_{i0}\exp\left(-\frac{Z_ie\psi}{kT}\right) \tag{3-7}$$

式中 n_i ——固体表面相距 x 处的离子 i 的数密度，m^{-3}；

     n_{i0} ——溶液中的离子 i 的数密度，m^{-3}；

     Z_i ——离子 i 的价数；

     e ——电子电荷，$1.602\times10^{-19}C$；

     ψ ——固体表面相距 x 处的电势，V（即 J/C）；

     k ——玻耳兹曼常数，$1.38\times10^{-23}J/K$；

     T ——绝对温度，K。

体系中的固体表面所带电荷电性相反的离子称为反离子；体系中的固体表面所带电荷电性相同的离子称为同号离子。

若固体表面带正电，对于反离子：

$$\left.\begin{array}{c}Z_i < 0\\\psi > 0\end{array}\right\}\Rightarrow Z_i\psi < 0\Rightarrow\left(-\frac{Ze\psi}{kT}\right) > 0\Rightarrow\exp\left(-\frac{Ze\psi}{kT}\right) > 1 \tag{3-8}$$

$$n_i > n_{i0} \tag{3-9}$$

若固体表面带正电，对于同号离子：

$$\left.\begin{array}{c}Z_i > 0\\\psi > 0\end{array}\right\}\Rightarrow Z_i\psi > 0\Rightarrow\left(-\frac{Ze\psi}{kT}\right) < 0\Rightarrow\exp\left(-\frac{Ze\psi}{kT}\right) < 1 \tag{3-10}$$

$$n_i < n_{i0} \tag{3-11}$$

由计算可知，若固体表面带正电，则阴离子为反离子，反离子在固体表面扩散层的数密度大于其在溶液中的数密度，$n_i > n_{i0}$；阳离子为同号离子，同号离子在固体表面扩散层的数密度小于其在溶液中的数密度，$n_i < n_{i0}$。

3.3.1.2 双电层扩散层内的体积电荷密度

固体颗粒相距 x 处的体积电荷密度为：

$$\rho = \sum_i Z_ien_i = \sum_i Z_ien_{i0}\exp\left(-\frac{Z_ie\psi}{kT}\right) \tag{3-12}$$

在溶液中，电势为零，电荷密度也为零。

$$\rho = 0 \tag{3-13}$$

3.3.1.3 双电层扩散层内的电势分布

根据静电学中的 Poisson 方程，电荷密度与电势间应服从如下关系：

$$\nabla^2\psi = -\frac{\rho}{\varepsilon} \tag{3-14}$$

式中 ∇^2 为 Laplace 算符：

$$\nabla^2 = \frac{\partial^2 \psi}{\partial x^2} + \frac{\partial^2 \psi}{\partial y^2} + \frac{\partial^2 \psi}{\partial z^2} \tag{3-15}$$

对于表面为平面的情况，$\nabla^2 = \dfrac{\partial^2 \psi}{\partial x^2}$，因此：

$$\frac{\mathrm{d}^2 \psi}{\mathrm{d}x^2} = -\frac{\rho}{\varepsilon} \tag{3-16}$$

联立方程式（3-12）和式（3-16），得到 Poisson-Boltzmann 方程：

$$\frac{\mathrm{d}^2 \psi}{\mathrm{d}x^2} = -\frac{1}{\varepsilon} \sum_i Z_i e n_{i0} \exp\left(-\frac{Z_i e \psi}{kT}\right) \tag{3-17}$$

当 $Z_i e \psi < kT$ 时：

$$\exp\left(-\frac{Z_i e \psi}{kT}\right) \approx 1 - \frac{Z_i e \psi}{kT} \tag{3-18}$$

Poisson-Boltzmann 方程可简化为：

$$\frac{\mathrm{d}^2 \psi}{\mathrm{d}x^2} = \frac{e^2 \psi}{\varepsilon kT} \sum_i Z_i^2 n_{i0} \tag{3-19}$$

引入一个参数 κ，来简化方程的表达形式，κ 定义为：

$$\kappa = \left(\frac{e^2}{\varepsilon kT} \sum Z_i^2 n_{i0}\right)^{\frac{1}{2}} \tag{3-20}$$

Poisson-Boltzmann 方程可进一步简化为：

$$\frac{\mathrm{d}^2 \psi}{\mathrm{d}x^2} = \kappa^2 \psi \tag{3-21}$$

式（3-21）满足边界条件 $\begin{cases} x = 0 \\ \psi = \psi_0 \end{cases}$ 和 $\begin{cases} x = \infty \\ \psi = 0 \end{cases}$，求解，得：

$$\psi = \psi_0 \exp(-\kappa x) \tag{3-22}$$

当 $Z_i e \psi > kT$ 时，Poisson-Boltzmann 方程需要进一步求解。

方程两边同时乘以 $2\dfrac{\mathrm{d}\psi}{\mathrm{d}x}$，得：

$$2\frac{\mathrm{d}\psi}{\mathrm{d}x}\frac{\mathrm{d}^2 \psi}{\mathrm{d}x^2} = -\frac{2}{\varepsilon} \sum_i Z_i e n_{i0} \exp\left(-\frac{Z_i e \psi}{kT}\right)\frac{\mathrm{d}\psi}{\mathrm{d}x} \tag{3-23}$$

$$\frac{d}{\mathrm{d}x}\left(\frac{\mathrm{d}\psi}{\mathrm{d}x}\right)^2 = -\frac{2}{\varepsilon} \sum_i Z_i e n_{i0} \exp\left(-\frac{Z_i e \psi}{kT}\right)\frac{\mathrm{d}\psi}{\mathrm{d}x} \tag{3-24}$$

该方程满足如下边界条件：当 $x = \infty$ 时，$\psi = 0$，且 $\dfrac{\mathrm{d}\psi}{\mathrm{d}x} = 0$，式（3-24）变为：

$$\left(\frac{\mathrm{d}\psi}{\mathrm{d}x}\right)^2 = -\frac{2kT}{\varepsilon} \sum_i n_{i0} \exp\left[\left(-\frac{Z_i e \psi}{kT}\right) - 1\right] \tag{3-25}$$

当介质中溶解的电解质为对称电解质，即 $Z = Z_+ = -Z_-$ 时，略去求解过程，双电层扩散层内的电势分布可用式（3-26）表达：

$$\frac{\exp(Ze\psi/2kT) - 1}{\exp(Ze\psi/2kT) + 1} = \frac{\exp(Ze\psi_0/2kT) - 1}{\exp(Ze\psi_0/2kT) + 1}\exp\left(-\frac{2e^2Z^2n_0}{\varepsilon kT}x\right) \quad (3\text{-}26)$$

或者用式（3-27）表示：

$$\gamma = \gamma_0\exp(-\kappa x) \quad (3\text{-}27)$$

式中

$$\gamma_0 = \frac{\exp(Ze\psi_0/2kT) - 1}{\exp(Ze\psi_0/2kT) + 1} \quad (3\text{-}28)$$

$$\gamma = \frac{\exp(Ze\psi/2kT) - 1}{\exp(Ze\psi/2kT) + 1} \quad (3\text{-}29)$$

$$\kappa = \left(\frac{2e^2Z^2n_0}{\varepsilon kT}\right)^{\frac{1}{2}} \quad (3\text{-}30)$$

当 ψ 较小时（$\psi_0 < 25\text{mV}$），$\gamma = \dfrac{Ze\psi}{4kT}$，$\gamma_0 = \dfrac{Ze\psi_0}{4kT}$

$$\psi = \psi_0\exp(-\kappa x) \quad (3\text{-}31)$$

当 ψ_0 较大时（$\psi_0 > 200\text{mV}$），$\gamma_0 = 1$

$$\psi = \frac{4kT}{Ze}\exp(-\kappa x) \quad (3\text{-}32)$$

3.3.1.4 颗粒表面的电荷密度

按电中性原理，颗粒的单位表面电荷量等于把从颗粒表面到无穷远处所有的溶液体积元的电荷累加之和，只是符号相反。

$$\sigma = -\int_0^\infty \rho \, \mathrm{d}x \quad (3\text{-}33)$$

由于 $\dfrac{\mathrm{d}^2\psi}{\mathrm{d}x^2} = -\dfrac{\rho}{\varepsilon}$，可得：

$$\sigma = \varepsilon\int_0^\infty \frac{\mathrm{d}^2\psi}{\mathrm{d}x^2} \, \mathrm{d}x \quad (3\text{-}34)$$

这里认为 ε 是与 x 无关的常数，从而

$$\sigma = \varepsilon \frac{\mathrm{d}\psi}{\mathrm{d}x}\bigg|_0^\infty \quad (3\text{-}35)$$

当 $x = \infty$ 时，$\psi = 0$，所以 $\dfrac{\mathrm{d}\psi}{\mathrm{d}x} = 0$；当 $x = 0$ 时（在颗粒表面），$\psi = \psi_0$（颗粒表面电势），故

$$\sigma = -\varepsilon \left(\frac{\mathrm{d}\psi}{\mathrm{d}x}\right)_{x=0} \tag{3-36}$$

当 $Z_i e\psi < kT$ 时，已知 $\psi = \psi_0 \exp(-\kappa x)$

$$\left(\frac{\mathrm{d}\psi}{\mathrm{d}x}\right)_{x=0} = \lim_{x \to 0} -\kappa\psi_0 \exp(-\kappa x) = -\kappa\psi_0 \tag{3-37}$$

所以

$$\sigma = \varepsilon\kappa\psi_0 \tag{3-38}$$

当 $Z_i e\psi > kT$ 时，且当介质中溶解的电解质为对称电解质，即 $Z = Z_+ = -Z_-$ 时，

$$\left(\frac{\mathrm{d}\psi}{\mathrm{d}x}\right)^2 = \frac{2kTn_0}{\varepsilon}\left[\exp\left(-\frac{Z_i e\psi}{kT}\right) - \exp\left(\frac{Z_i e\psi}{kT}\right)\right]^2 \tag{3-39}$$

$$\left(\frac{\mathrm{d}\psi}{\mathrm{d}x}\right)_{x=0} = \frac{kT}{Ze}\left(\frac{2Z^2 e^2 n_0}{\varepsilon kT}\right)^{\frac{1}{2}}\left[\exp\left(-\frac{Z_i e\psi_0}{kT}\right) - \exp\left(\frac{Z_i e\psi_0}{kT}\right)\right] \tag{3-40}$$

所以

$$\sigma = \frac{\varepsilon kT\kappa}{Ze}\left[\exp\left(\frac{Ze\psi_0}{2kT}\right) - \exp\left(-\frac{Ze\psi_0}{2kT}\right)\right] \tag{3-41}$$

由于 $2\sinh x = e^x - e^{-x}$，式（3-41）可简化为：

$$\sigma = \frac{2\varepsilon kT\kappa}{Ze}\sinh\left(\frac{Ze\psi_0}{2kT}\right) \tag{3-42}$$

3.3.1.5 双电层的厚度

双电层的厚度又称为德拜长度或德拜半径，用 κ^{-1} 表示，κ 的表达式如下：

$$\kappa = \left(\frac{e^2}{\varepsilon kT}\sum Z_i^2 n_{i0}\right)^{\frac{1}{2}} \tag{3-43}$$

式中　e——电子电荷，$1.602 \times 10^{-19} \mathrm{C}$；

　　　Z_i——溶液中离子 i 的价数；

　　　T——绝对温度，K；

　　　k——玻耳兹曼常数，$1.38 \times 10^{-23} \mathrm{J/K}$；

　　　ε——介电常数，$\mathrm{C^2/(J \cdot m)}$ 或 F/m；

　　　n_{i0}——离子 i 的离子数密度，$\mathrm{m^{-3}}$。

相关研究表明：含盐量对水介电常数影响不大，所以取真空中水的介电常数 $\varepsilon_0 = 8.854 \times 10^{-12} \mathrm{C^2/(J \cdot m)}$。水的相对介电常数 ε_r 为 78.5，所以，

$$\varepsilon = \varepsilon_0\varepsilon_r = 8.854 \times 10^{-12} \times 78.5 = 6.95 \times 10^{-10} \quad (\mathrm{C^2/(J \cdot m)}) \tag{3-44}$$

用摩尔浓度来表示离子浓度：

$$n_{i0} = 1000CN_A \tag{3-45}$$

式中 C——离子体积摩尔浓度，mol/L；

N_A——阿伏伽德罗常数，$N_A = 6.023 \times 10^{23} \text{mol}^{-1}$。

κ 的表达式如下：

$$\kappa = \left(\frac{1000N_A e^2}{\varepsilon kT} \sum Z_i^2 C \right)^{\frac{1}{2}} \tag{3-46}$$

代入各参数值，得：

$$\kappa = \left(\frac{1000N_A e^2}{\varepsilon kT} \sum Z_i^2 C \right)^{\frac{1}{2}} = 2.324 \times 10^9 \sqrt{\sum CZ^2} \tag{3-47}$$

$$\kappa^{-1} = \frac{0.430 \times 10^{-9}}{\sqrt{\sum CZ^2}} \tag{3-48}$$

针对不同类型的电解质，简化表达式。

（1）当只有一种电解质且电解质类型为 1：1、2：2 或 3：3 时，如 NaCl、CaSO$_4$：

$$\kappa = \left(\frac{2000N_A e^2 CZ^2}{\varepsilon kT} \right)^{\frac{1}{2}} = 3.286 \times 10^9 \sqrt{CZ^2} \tag{3-49}$$

$$\kappa^{-1} = \frac{0.304 \times 10^{-9}}{\sqrt{CZ^2}} \tag{3-50}$$

（2）当只有一种电解质且电解质类型为 1：2 或 2：1 时，如 CaCl$_2$、MgCl$_2$：

$$\kappa = \left[\frac{1000N_A e^2 (C2^2 + 2C1^2)}{\varepsilon kT} \right]^{\frac{1}{2}} = 5.692 \times 10^9 \sqrt{C} \tag{3-51}$$

$$\kappa^{-1} = \frac{0.176 \times 10^{-9}}{\sqrt{C}} \tag{3-52}$$

（3）当只有一种电解质且电解质类型为 1：3 或 3：1 时，如 AlCl$_3$、FeCl$_3$：

$$\kappa = \left[\frac{1000N_A e^2 (C3^2 + 3C1^2)}{\varepsilon kT} \right]^{\frac{1}{2}} = 8.049 \times 10^9 \sqrt{C} \tag{3-53}$$

$$\kappa^{-1} = \frac{0.124 \times 10^{-9}}{\sqrt{C}} \tag{3-54}$$

（4）当只有一种电解质且电解质类型为 2：3 或 3：2 时，如 Al$_2$(SO$_4$)$_3$：

$$\kappa = \left[\frac{1000N_A e^2 (2C3^2 + 3C2^2)}{\varepsilon kT} \right]^{\frac{1}{2}} = 12.73 \times 10^9 \sqrt{C} \tag{3-55}$$

$$\kappa^{-1} = \frac{0.0787 \times 10^{-9}}{\sqrt{C}}$$
(3-56)

不同电解质浓度和价数的 κ 和 κ^{-1} 值见表 3-5。

表 3-5　不同电解质浓度和价数的 κ 和 κ^{-1} 值

电解质浓度 /mmol·L⁻¹	对称型电解质			非对称型电解质		
	$Z^+ : Z^-$	κ / m^{-1}	κ^{-1} / m	$Z^+ : Z^-$	κ / m^{-1}	κ^{-1} / m
1	1 : 1	1.04×10^8	9.62×10^{-9}	1 : 2, 2 : 1	1.80×10^8	5.56×10^{-9}
	2 : 2	2.08×10^8	4.81×10^{-9}	3 : 1, 1 : 3	2.54×10^8	3.93×10^{-9}
	3 : 3	3.12×10^8	3.20×10^{-9}	2 : 3, 3 : 2	4.02×10^8	2.49×10^{-9}
10	1 : 1	3.29×10^8	3.04×10^{-9}	1 : 2, 2 : 1	5.69×10^8	1.76×10^{-9}
	2 : 2	6.58×10^8	1.52×10^{-9}	3 : 1, 1 : 3	8.05×10^8	1.24×10^{-9}
	3 : 3	9.87×10^8	1.01×10^{-9}	2 : 3, 3 : 2	1.27×10^9	7.87×10^{-10}
100	1 : 1	1.04×10^9	9.62×10^{-10}	1 : 2, 2 : 1	1.80×10^9	5.56×10^{-10}
	2 : 2	2.08×10^9	4.81×10^{-10}	3 : 1, 1 : 3	2.54×10^9	3.93×10^{-10}
	3 : 3	3.12×10^9	3.20×10^{-10}	2 : 3, 3 : 2	4.02×10^9	2.49×10^{-10}

3.3.2　DLVO 理论的应用

DLVO（Derjaguin-Landau-Verwey-Overbeek）理论是由 Derjaguin 和 Landau 于 1941 年、Verwey 与 Overbeek 于 1948 年分别提出的，并以这四个人名字的首字母命名。DLVO 理论是一种关于胶体稳定性的理论，该理论认为胶体颗粒在一定条件下能否稳定存在取决于胶粒之间相互作用的势能。胶粒间的总势能等于范德华作用势能和双电层引起的静电作用势能之和，这两种作用势能下的受力为范德华力和静电力。相互作用势能与距离的关系如图 3-4 所示。

$$V_T = V_A + V_R$$
(3-57)

式中　V_T——总势能，J；

　　　V_A——范德华作用势能，J；

　　　V_R——静电作用势能，J。

3.3.2.1　范德华作用力

范德华力是宏观物体间一种最重要的相互作用力，不同形状和大小的物体间有不同的范德华作用力。

（1）两个无限厚（$\delta \to \infty$）的平板间的范德华作用势能和范德华力。

$$V_A = -\frac{A}{12\pi h^2}$$
(3-58)

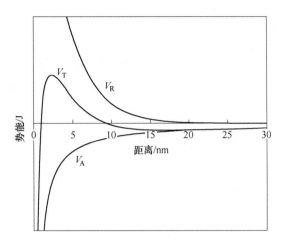

图 3-4 相互作用势能与距离的关系

$$F_A = -\frac{dV_A}{dh} = -\frac{A}{6\pi h^3} \tag{3-59}$$

式中　F_A——单位面积相互作用的范德华力，N/m^2；

　　　V_A——单位面积相互作用的范德华势能，J/m^2；

　　　h——两板间距离，m；

　　　δ——平板的厚度，m；

　　　A——Hamaker 常数，J。

（2）半径分别为 R_1 和 R_2 的两球。

$$V_A = -\frac{A}{6h} \cdot \frac{R_1 R_2}{R_1 + R_2} \tag{3-60}$$

$$F_A = -\frac{A}{6h^2} \cdot \frac{R_1 R_2}{R_1 + R_2} \tag{3-61}$$

（3）等径（$R_1 = R_2 = R$）的两球。

$$V_A = -\frac{AR}{12h} \tag{3-62}$$

$$F_A = -\frac{AR}{12h^2} \tag{3-63}$$

（4）半径为 R 的球与无限厚的板。

$$V_A = -\frac{A}{6}\left[\frac{2R}{h} + \frac{2R}{h + 4R} + \ln\left(\frac{h}{h + 4R}\right)\right] \approx -\frac{AR}{6h} \tag{3-64}$$

$$F_A \approx -\frac{AR}{6h^2} \tag{3-65}$$

　　Hamaker 常数是影响范德华力的重要参数，本书涉及的一些物质在真空中的 Hamaker 常数见表 3-6。

表 3-6　一些物质在真空中的 Hamaker 常数　　　　　（10^{-20}J）

空气	水	煤	高岭石	蒙脱石	伊利石	石英
0	3.7	6.1	31	22	25	6.3

　　计算物质 1、2 在介质 3 中的 Hamaker 常数 A_{132}：

$$A_{132} = \left(\sqrt{A_{11}} - \sqrt{A_{33}}\right)\left(\sqrt{A_{22}} - \sqrt{A_{33}}\right) \tag{3-66}$$

式中，A_{11}、A_{22}、A_{33} 分别是物质 1、2 和介质 3 在真空中的 Hamaker 常数。

　　对于同类颗粒，

$$A_{131} = \left(\sqrt{A_{11}} - \sqrt{A_{33}}\right)^2 > 0 \tag{3-67}$$

　　当两种物质的 Hamaker 常数同时大于或同时小于介质的 Hamaker 常数（$A_{11} > A_{33}$，$A_{22} > A_{33}$，或 $A_{11} < A_{33}$，$A_{22} < A_{33}$），则 $A_{132} > 0$，物质 1 和物质 2 在介质 3 中的范德华相互作用力为引力。当 $A_{11} > A_{33} > A_{22}$ 或 $A_{11} < A_{33} < A_{22}$，则 $A_{132} < 0$，表示物质 1 和物质 2 在介质 3 中的范德华相互作用力为斥力。

　　如浮选和沉降过程中，煤粒与高岭石颗粒在水中的 Hamaker 常数：

$$\begin{aligned}
A_{132} &= \left(\sqrt{A_{11}} - \sqrt{A_{33}}\right)\left(\sqrt{A_{22}} - \sqrt{A_{33}}\right) \\
&= \left(\sqrt{6.1} - \sqrt{3.7}\right)\left(\sqrt{31} - \sqrt{3.7}\right) \times 10^{-20} \\
&= 1.99 \times 10^{-20} > 0
\end{aligned} \tag{3-68}$$

　　因此，煤粒与高岭石颗粒在水中的范德华作用力是引力。

　　如浮选过程中，煤粒与气泡在水中的 Hamaker 常数：

$$\begin{aligned}
A_{132} &= \left(\sqrt{A_{11}} - \sqrt{A_{33}}\right)\left(\sqrt{A_{22}} - \sqrt{A_{33}}\right) \\
&= \left(\sqrt{6.1} - \sqrt{3.7}\right)\left(\sqrt{0} - \sqrt{3.7}\right) \times 10^{-20} \\
&= -1.05 \times 10^{-20} < 0
\end{aligned} \tag{3-69}$$

　　因此，煤粒与气泡在水中的范德华作用力是斥力。

　　本书涉及的各种物质在水介质中的 Hamaker 常数见表 3-7。Hamaker 常数值正越大，则该两种物质在水中的引力越大，高岭石与高岭石在水中 Hamaker 常数达到 13.28×10^{-20}J；Hamaker 常数值负越大，则该两种物质在水中的斥力越大，高岭石与气泡在水中 Hamaker 常数达到 -7.01×10^{-20}J。

表 3-7　两种物质在水介质中的 Hamaker 常数

物质 1	介质	物质 2	Hamaker 常数/10^{-20}J
煤	水	空气	-1.05
煤	水	高岭石	1.99

物质1	介质	物质2	Hamaker 常数/10^{-20}J
煤	水	蒙脱石	1.51
煤	水	伊利石	1.68
煤	水	石英	0.32
煤	水	煤	0.30
高岭石	水	空气	-7.01
高岭石	水	蒙脱石	10.08
高岭石	水	伊利石	11.21
高岭石	水	石英	2.14
高岭石	水	高岭石	13.28
蒙脱石	水	空气	−5.32
蒙脱石	水	伊利石	8.51
蒙脱石	水	石英	1.62
蒙脱石	水	蒙脱石	7.66
伊利石	水	空气	−5.92
伊利石	水	石英	1.80
伊利石	水	伊利石	9.46
石英	水	空气	−1.13
石英	水	石英	0.34

3.3.2.2 静电作用力

如同物体间范德华作用势能有很多种形式，颗粒间的静电相互作用势能也有不同的计算公式。以下是颗粒在对称电解质中的静电势能和静电力的数学模型。

（1）恒表面电势的平板状同类矿物颗粒间的静电势能和静电力。

$$V_R = \frac{64n_0 kT}{\kappa} \gamma_0^2 \exp(-\kappa h) \tag{3-70}$$

$$\gamma_0 = \frac{\exp(Ze\psi_0/2kT) - 1}{\exp(Ze\psi_0/2kT) + 1}$$

式中　V_R——单位面积相互作用的静电势能，J/m^2；

　　　h——两平板间距离，m；

　　　T——绝对温度，K；

k——玻耳兹曼常数，1.38×10^{-23} J/K；

n_0——离子数密度，m^{-3}；

κ^{-1}——德拜长度，m。

用摩尔浓度来表示离子浓度：

$$n_0 = 1000CN_A \tag{3-71}$$

式中　C——离子体积摩尔浓度，mol/L；

N_A——阿伏伽德罗常数，$N_A = 6.023 \times 10^{23}$ mol^{-1}。

$$V_R = \frac{64000N_A CkT}{\kappa}\gamma_0^2 \exp(-\kappa h) \tag{3-72}$$

$$F_R = -\frac{dV_R}{dh} = 64000N_A CkT\gamma_0^2 \exp(-\kappa h) \tag{3-73}$$

（2）恒表面电荷密度的平板状同类矿物颗粒间的静电势能和静电力。

$$V_R = \frac{64n_0 kT}{\kappa}\gamma_0^2 \exp(-\kappa h) + \frac{\varepsilon k}{2\pi}\psi_0^2[\coth(\kappa h) - 1]$$

$$= \frac{64000N_A CkT}{\kappa}\gamma_0^2 \exp(-\kappa h) + \frac{\varepsilon k}{2\pi}\psi_0^2[\coth(\kappa h) - 1] \tag{3-74}$$

$$F_R = 64000N_A CkT\gamma_0^2 \exp(-\kappa h) - \kappa\frac{\varepsilon k}{2\pi}\psi_0^2 \operatorname{csch}^2(\kappa h) \tag{3-75}$$

像蒙脱石、伊利石等片状黏土颗粒，应该用此模型。当两块平板相互接近时，起始的表面电势要降低，但斥力势能要比恒电势的大。

（3）半径分别为 R_1、R_2 的同类矿物颗粒间的静电势能和静电力。

$$V_R = \frac{128\pi n_0 kT\gamma_0^2}{\kappa^2}\left(\frac{R_1 R_2}{R_1 + R_2}\right)\exp(-\kappa h) \tag{3-76}$$

式中　h——两颗粒表面的距离，m。

若 $R_1 = R_2 = R$，则：

$$V_R = \frac{64\pi n_0 RkT\gamma_0^2}{\kappa^2}\exp(-\kappa h) \tag{3-77}$$

对于低电位表面，$\psi_0 < 25\text{mV}$，当 ψ_0 较小时，$\gamma_0 = \dfrac{Ze\psi_0}{4kT}$。等半径的同种颗粒间的静电势能可简化为：

$$V_R = 2\pi\varepsilon R\psi_0^2 \ln[1 + \exp(-\kappa h)] \tag{3-78}$$

$$F_R = 2\pi\varepsilon R\psi_0^2\frac{\kappa\exp(-\kappa h)}{1 + \exp(-\kappa h)} \tag{3-79}$$

（4）半径为 R 的球形颗粒与同类矿物平板颗粒间的静电势能和静电力。

$$V_R = 4\pi\varepsilon R\psi_0^2 \ln[1 + \exp(-\kappa h)] \tag{3-80}$$

$$F_R = 4\pi\varepsilon R\psi_0^2 \frac{\kappa\exp(-\kappa h)}{1 + \exp(-\kappa h)} \tag{3-81}$$

（5）半径分别为 R_1、R_2 的异类矿物颗粒间的静电势能和静电力。

$$V_R = \frac{\pi\varepsilon R_1 R_2}{R_1 + R_2}(\psi_{01}^2 + \psi_{02}^2)\left(\frac{2\psi_{01}\psi_{02}}{\psi_{01}^2 + \psi_{02}^2}p + q\right) \tag{3-82}$$

$$p = \ln\left[\frac{1 + \exp(-\kappa h)}{1 - \exp(-\kappa h)}\right] \tag{3-83}$$

$$q = \ln[1 - \exp(-2\kappa h)] \tag{3-84}$$

式中，ψ_{01}、ψ_{02} 分别为颗粒 1 和颗粒 2 的表面电位，可用 Zeta 电位近似代替。

$$F_R = -\frac{\pi\varepsilon R_1 R_2}{R_1 + R_2}(\psi_{01}^2 + \psi_{02}^2)\left(\frac{2\psi_{01}\psi_{02}}{\psi_{01}^2 + \psi_{02}^2}p' + q'\right) \tag{3-85}$$

$$p' = -\frac{2\kappa\exp(-\kappa h)}{[1 + \exp(-\kappa h)][1 - \exp(-\kappa h)]} \tag{3-86}$$

$$q' = \frac{2\kappa\exp(-2\kappa h)}{1 - \exp(-2\kappa h)} \tag{3-87}$$

（6）半径为 R 的球形颗粒与异类矿物平板颗粒间的静电势能和静电力。

$$V_R = \pi\varepsilon R(\psi_{01}^2 + \psi_{02}^2)\left(\frac{2\psi_{01}\psi_{02}}{\psi_{01}^2 + \psi_{02}^2}p + q\right) \tag{3-88}$$

$$F_R = -\pi\varepsilon R(\psi_{01}^2 + \psi_{02}^2)\left(\frac{2\psi_{01}\psi_{02}}{\psi_{01}^2 + \psi_{02}^2}p' + q'\right) \tag{3-89}$$

（7）HHF-FP 方程和 Derjaguin 近似计算。

$$V_R = \frac{\varepsilon\kappa}{2}\{(\psi_{01}^2 + \psi_{02}^2)[1 - \coth(\kappa h)] + 2\psi_{01}\psi_{02}\operatorname{csch}(\kappa h)\} \tag{3-90}$$

式（3-90）就是著名的 HHF-FP 方程，方程基于恒表面电势的两个无限大的平板颗粒。

由于两个平板颗粒间相互作用势能的计算比较简便。实际上，颗粒的形状各式各样，Derjaguin 提出一种近似的计算方法，建立不同形状颗粒间的作用力与两平板间势能 $V_{p\text{-}p}$ 的关系模型。

球形颗粒与球形颗粒之间：

$$F_{s\text{-}s} = 2\pi\frac{R_1 R_2}{R_1 + R_2}V_{p\text{-}p} \tag{3-91}$$

球形颗粒与平板颗粒之间：

$$F_{s\text{-}p} = 2\pi R V_{p\text{-}p} \tag{3-92}$$

柱形颗粒与柱形颗粒之间：

$$F_{c-c} = 2\pi \sqrt{R_1 R_2} V_{p-p} \qquad (3-93)$$

在计算过程中，颗粒的表面电位一般用 Zeta 电位近似代替。煤、高岭石、蒙脱石、伊利石和石英在不同浓度的钙离子或钠离子溶液中的 Zeta 电位如图 3-5 和图 3-6 所示。使用 ZetaPALS/90plus 电泳仪，溶液 pH 值为 6.5。

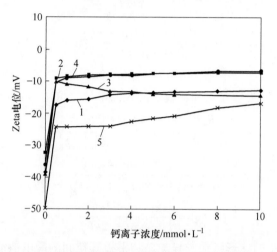

图 3-5 钙离子浓度对五种矿物 Zeta 电位的影响

1—煤；2—高岭石；3—蒙脱石；4—伊利石；5—石英

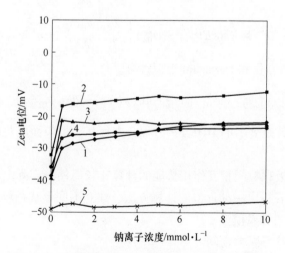

图 3-6 钠离子浓度对五种矿物 Zeta 电位的影响

1—煤；2—高岭石；3—蒙脱石；4—伊利石；5—石英

由图 3-5 可知，当钙离子浓度为零时，煤、高岭石、蒙脱石、伊利石和石英的 Zeta 电位分别为 -38mV、-32mV、-39mV、-36mV 和 -49mV，当钙离子浓度为 0.5mmol/L 时，其 Zeta 电位骤然上升到 -17mV、-9mV、-10mV、-10mV 和 -24mV，当继续增加钙离子浓度，Zeta 电位略有上升。由图 3-6 可知，当钠离子浓度为 0.5mmol/L 时，其 Zeta 电位上升到 -30mV、-17mV、-21mV、-27mV 和 -47mV，当继续增加钠离子浓度，Zeta 电位缓慢增加，然后稳定不变。对比钙离子和钠离子对矿物 Zeta 电位的影响，钙离子对矿物 Zeta 电位的影响远远大于钠离子产生的影响。

3.3.2.3 各因素对颗粒间作用力的影响

以球形颗粒与平板颗粒间相互作用为例，在 DLVO 理论的基础上，研究各因素对两颗粒间作用力大小的影响。球形颗粒与平板颗粒间作用力大小的计算公式如下：

$$
\begin{aligned}
F_T &= F_A + F_R \\
&= -\frac{AR}{6h^2} - \pi\varepsilon R(\psi_{01}^2 + \psi_{02}^2)\left[\frac{2\psi_{01}\psi_{02}}{\psi_{01}^2 + \psi_{02}^2}\left(-\frac{2\kappa\exp(-\kappa h)}{[1 + \exp(-\kappa h)][1 - \exp(-\kappa h)]}\right) + \right. \\
&\quad \left. \frac{2\kappa\exp(-2\kappa h)}{1 - \exp(-2\kappa h)}\right]
\end{aligned}
\tag{3-94}
$$

对于不同半径 R 的球形颗粒，颗粒间作用力大小不同。对式（3-94）归一化处理，可得：

$$
\begin{aligned}
\frac{F_T}{R} &= -\frac{A}{6h^2} - \pi\varepsilon(\psi_{01}^2 + \psi_{02}^2)\left[\frac{2\psi_{01}\psi_{02}}{\psi_{01}^2 + \psi_{02}^2}\cdot \right. \\
&\quad \left. \left(-\frac{2\kappa\exp(-\kappa h)}{[1 + \exp(-\kappa h)][1 - \exp(-\kappa h)]}\right) + \frac{2\kappa\exp(-2\kappa h)}{1 - \exp(-2\kappa h)}\right]
\end{aligned}
\tag{3-95}
$$

（1）双电层厚度 κ^{-1} 对颗粒间作用力的影响。

设两颗粒在水介质中的 Hamaker 常数为 2×10^{-20} J，两颗粒的表面电位都为 -25mV，颗粒的双电层厚度 κ^{-1} 分别为 7×10^{-9}m、5×10^{-9}m 和 3×10^{-9}m 时，颗粒间作用力与距离的关系曲线如图 3-7 所示。正值代表斥力，负值代表引力，颗粒间的作用力大小无明显变化，只是作用力范围发生变化。当 κ^{-1} 为 7×10^{-9}m 时，颗粒间作用力范围为 0~35nm；当 κ^{-1} 为 5×10^{-9}m 时，颗粒间作用力范围为 0~25nm；当 κ^{-1} 为 3×10^{-9}m 时，颗粒间作用力范围为 0~14nm。所以，双电层厚度直接决定了颗粒间作用力范围的大小，双电层厚度越小，作用力范围越小。

（2）表面电位对颗粒间作用力的影响。

设两颗粒在水介质中的 Hamaker 常数为 2×10^{-20}J，双电层厚度 κ^{-1} 为 5×10^{-9}m，当两颗粒的表面电位都为 -20mV、-25mV 和 -30mV 时，颗粒间作用力与距离的关系曲线如图 3-8 所示。颗粒间的作用力大小发生明显变化，而作用力范围没有

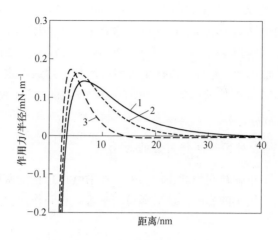

图 3-7　κ^{-1} 对颗粒间作用力的影响

1—7×10^{-9}；2—5×10^{-9}；3—3×10^{-9}

变化。当颗粒表面电位为-20mV 时，颗粒间作用力在相距 6nm 处达到最大值
0.07mN/m；当颗粒表面电位为-25mV 时，颗粒间作用力在相距 5.5nm 处达到最
大值 0.16mN/m；当颗粒表面电位为-30mV 时，颗粒间作用力在相距 4.5nm 处
达到最大值 0.28mN/m。颗粒表面电位影响了颗粒间的静电斥力，对于两个表面
带负电的颗粒，表面电位负越大，颗粒间的静电斥力越大，由于范德华引力不
变，颗粒间的总作用力也随着静电斥力的增加而增加。

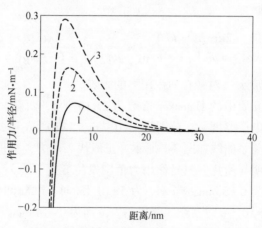

图 3-8　表面电位对颗粒间作用力的影响

1——20mV；2——25mV；3——30mV

（3）Hamaker 常数对颗粒间作用力的影响。

设两颗粒的表面电位都为-25mV，双电层厚度 κ^{-1} 为 5×10^{-9}m，当两颗粒在水介质中的 Hamaker 常数分别为 $1×10^{-20}$ J、$3×10^{-20}$ J 和 $5×10^{-20}$ J 时，颗粒间作用力与距离的关系曲线如图 3-9 所示。颗粒间的作用力大小发生明显变化，斥力的作用力范围也发生变化。当两颗粒在水介质中的 Hamaker 常数分别为 $1×10^{-20}$ J 时，颗粒间作用力在相距 3.5nm 处达到最大值 0.23mN/m；当 Hamaker 常数分别为 $3×10^{-20}$ J 时，颗粒间作用力在相距 5.5nm 处达到最大值 0.11mN/m；当 Hamaker 常数分别为 $5×10^{-20}$ J 时，颗粒间作用力在相距 7.5nm 处达到最大值 0.05mN/m。两颗粒在水介质中的 Hamaker 常数影响了颗粒间的范德华引力，Hamaker 常数越大，颗粒间的范德华引力越大，由于颗粒间的静电斥力不变，颗粒间的总作用力随着范德华引力的增大而减小。

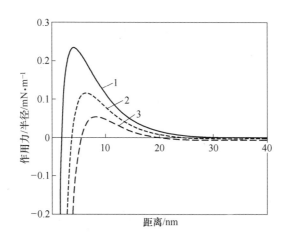

图 3-9　Hamaker 常数对颗粒间作用力的影响
1—$1×10^{-20}$；2—$3×10^{-20}$；3—$5×10^{-20}$

3.4　黏土矿物的吸附特性研究

吸附是指原子、离子、分子被具细小的颗粒状固体、孔材料或者凝胶物质吸收，发生在几何外表面或带有孔、缝隙结构的内表面。因此具有较大活性表面积的物质都是很好的吸附剂。在多数情况下，吸附都被看作是分子或原子在固体表面的单层吸附。

1918 年，Langmuir 从动力学理论推导出单分子层吸附等温式。这个理论认为，在固体表面存在着像剧院座位那样的能够吸附分子或原子的吸附位。吸附位可以均匀地分布在整个表面，但更多的是非均匀分布，这时吸附质分子并不是吸附在整个表面，而只是吸附在表面的特定位置，称为特异吸附。

吸附平衡时，在单位时间内进入到吸附位的分子数即吸附速度和离开吸附位的分子数即脱附速度相等，吸附质在液相或气相中的浓度与其在固相中的吸附量适于用吸附等温式描述。对于溶液中金属离子的吸附，最常用的模型为 Langmuir 和 Freundlich 等温式。

本节以高岭石和蒙脱石为例，研究黏土矿物对 Ca^{2+} 的吸附特性。

3.4.1　黏土矿物的吸附动力学

以黏土矿物为吸附剂，以 $CaCl_2$ 为吸附质。吸附反应在振荡速度为 200r/min 的恒温振荡下进行，反应温度为 25°C，溶液中 Ca^{2+} 的初始浓度为 10mmol/L，pH 值为 6.5，研究吸附反应时间对吸附量的影响（见图 3-10）。

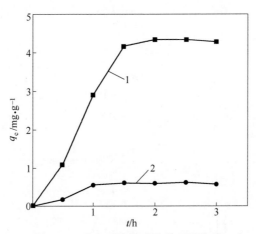

图 3-10　黏土矿物的动力学吸附曲线
1—蒙脱石；2—高岭石

从图 3-10 可以看出，黏土矿物对 Ca^{2+} 的吸附分为两个阶段。在 1h 之前，吸附量随着时间的变化迅速增加。这是因为刚开始黏土矿物表面有较多的活性吸附点，溶液中 Ca^{2+} 浓度较大，所以吸附速度较快。随着吸附的进行，在反应后期黏土对 Ca^{2+} 的吸附可能转变为化学吸附；另一方面黏土矿物表面逐渐被 Ca^{2+} 覆盖，活性吸附点减少，所以黏土对 Ca^{2+} 的吸附速度变慢。吸附量稍有降低可能是一部分吸附在矿物表面的 Ca^{2+} 由于吸附的不牢靠脱附重新回到溶液中，使吸附量减少。2h 后，吸附量基本不再随时间的变化而变化，吸附基本达到平衡。

3.4.2　Ca^{2+} 在黏土表面的吸附形态

取上一小节中吸附反应 3h 后的黏土试样，经离心后排出上清液，再经真空干燥箱 40°C 下烘干，取 150mg 压片，进行黏土矿物吸附 Ca^{2+} 前后的光电子能谱（XPS）分析，研究 Ca^{2+} 在黏土表面的吸附形态。

高岭石吸附 Ca^{2+} 前后的 XPS 谱图如图 3-11 所示，吸附 Ca^{2+} 前 $Ca_{2p\frac{3}{2}}$ 和 $Ca_{2p\frac{1}{2}}$

的峰的强度比较弱，分别为 600 和 595；吸附 Ca^{2+} 后两个峰的强度分别达到 635 和 615，钙元素的峰的强度增加，表明钙元素在高岭石表面的含量增加。根据两个峰的结合能分析，钙元素在高岭石表面以 $CaCO_3$ 沉淀物或 $Ca(OH)_2(s)$ 沉淀物的形式存在。

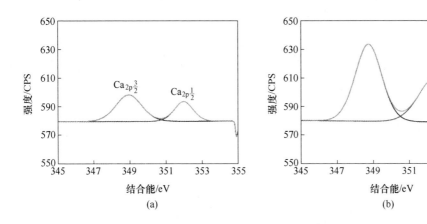

图 3-11　高岭石吸附 Ca^{2+} 前后的 XPS 谱图

(a) 高岭石吸附 Ca^{2+} 前；(b) 高岭石吸附 Ca^{2+} 后

蒙脱石吸附 Ca^{2+} 前后的 XPS 谱图如图 3-12 所示，吸附 Ca^{2+} 前 $Ca_{2p\frac{3}{2}}$ 和 $Ca_{2p\frac{1}{2}}$ 的峰的强度分别为 850 和 875；吸附 Ca^{2+} 后两个峰的强度分别达到 950 和 900，蒙脱石表面钙元素的含量大幅度增加，表明蒙脱石对 Ca^{2+} 有较好的吸附性能，同时也符合吸附试验的结果，蒙脱石比高岭石对 Ca^{2+} 的吸附量大。

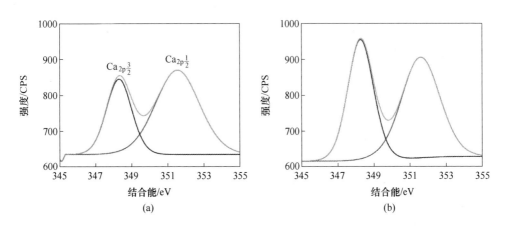

图 3-12　蒙脱石吸附 Ca^{2+} 前后的 XPS 谱图

(a) 蒙脱石吸附 Ca^{2+} 前；(b) 蒙脱石吸附 Ca^{2+} 后

3.4.3　黏土矿物的吸附等温线

研究在不同初始浓度的 Ca^{2+} 下，黏土矿物对 Ca^{2+} 平衡吸附量的变化。吸附反应在振荡速度为 200r/min 的恒温振荡下进行，反应温度为 25℃，吸附反应时间约为 6h，吸附反应基本达到平衡。在不同的 Ca^{2+} 初始浓度下，计算黏土矿物的平衡吸附量。

高岭石和蒙脱石的吸附等温线如图 3-13 所示。由图 3-13 可知，随着 Ca^{2+} 初始浓度的升高，黏土矿物对 Ca^{2+} 的平衡吸附量也升高；当 Ca^{2+} 的初始浓度达到一定值时，黏土矿物对 Ca^{2+} 的平衡吸附量趋于稳定，说明黏土矿物对 Ca^{2+} 的吸附达到饱和。

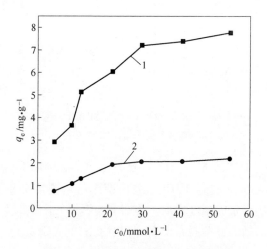

图 3-13　高岭石和蒙脱石的吸附等温线
1—蒙脱石；2—高岭石

Langmuir 吸附方程通常被用来描述吸附等温线，其图形形状为吸附机理的分析提供了一定的依据，方程的特征参数也为吸附能力的预测提供了重要的参数。Langmuir 方程如下：

$$\frac{1}{q_e} = \frac{1}{q_m} + \frac{1}{K_L q_m c_e} \tag{3-96}$$

式中，c_e 为吸附平衡时溶液中吸附质的浓度，mmol/L；q_e 为吸附平衡时吸附剂对吸附质的吸附量，mg/g；q_m 为吸附剂表面单层对吸附质的最大饱和吸附量，mg/g；K_L 为 Langmuir 吸附常数，代表吸附能力的强弱。

式（3-96）各项同时乘以 c_e，得

$$\frac{c_e}{q_e} = \frac{1}{q_m} c_e + \frac{1}{K_L q_m} \tag{3-97}$$

式中，因为 q_m 和 K_L 是反映吸附剂对吸附质的吸附特性，在此特定吸附条件下，$\dfrac{1}{q_m}$ 和 $\dfrac{1}{K_L q_m}$ 为定值，所以变量 $\dfrac{c_e}{q_e}$ 与 c_e 成线性关系。

将实验数据处理并分别用式（3-97）进行线性拟合，Langmuir 方程的线性拟合结果如图 3-14 所示，Langmuir 方程各特征参数以及线性相关性见表 3-8。

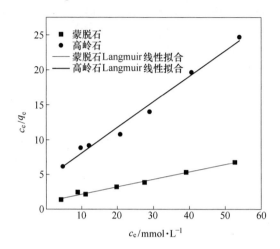

图 3-14　高岭石和蒙脱石的 Langmuir 线性拟合

表 3-8　高岭石和蒙脱石的 Langmuir 线性拟合方程及特征参数

黏土种类	线性拟合方程	$q_m/mg \cdot g^{-1}$	K_L	R^2
高岭石	$y = 4.370 + 0.367x$	2.745	0.083	0.9866
蒙脱石	$y = 1.124 + 0.106x$	9.434	0.094	0.9816

分析结果表明，实验数据的线性相关性较好，相关系数的平方值分别为 0.9866 和 0.9816，黏土矿物对 Ca^{2+} 的等温吸附符合 Langmuir 吸附方程。

3.4.4　平衡吸附量预测模型的建立

在 Langmuir 等温式中，由于式中包含一个未知参数，即吸附平衡时的吸附质浓度 c_e，所以该式不能对平衡吸附量做出预测。因为高岭石和蒙脱石对 Ca^{2+} 的吸附符合 Langmuir 等温式，所以在 Langmuir 方程的基础上建立平衡吸附量预测模型，可实现对平衡吸附量的预测。

对 Langmuir 吸附等温式中各参数分析，把一些未知参数用已知参数表示。吸附平衡时溶液中吸附质的浓度 c_e 可以表示为：

$$c_e = c_0 - \frac{q_e \times a_m}{40} \tag{3-98}$$

吸附剂表面单层对吸附质的最大饱和吸附量 q_m 可以表示为：

$$q_m = \frac{40 \times \alpha \times CEC}{100} \tag{3-99}$$

式中，α 为黏土交换钙离子占总交换量的比例；CEC 为黏土的交换容量（单位是 100g 干黏土样品所交换下来的阳离子毫摩尔数）。

将式（3-98）和式（3-99）代入式（3-96）得：

$$\frac{1}{q_e} = \frac{1}{\dfrac{40 \times \alpha \times CEC}{100}} + \frac{1}{K_L \times \dfrac{40 \times \alpha \times CEC}{100} \times \left(c_0 - \dfrac{q_e \times a_m}{40}\right)} \tag{3-100}$$

假设不存在其他金属离子参与竞争吸附，则 $\alpha = 1$，

$$q_m = \frac{40 \times CEC}{100} \tag{3-101}$$

式（3-100）通过 Mathematica 数学软件求解，可以得到 q_e 的解析解。则适用于单组分吸附的平衡吸附量预测模型为：

$$q_e = \frac{0.2}{K_L a_m} \times \left[100 + K_L a_m CEC + 100 K_L c_0 - \sqrt{-400 K_L^2 a_m CEC c_0 + (-100 - K_L a_m CEC - 100 K_L c_0)^2} \right] \tag{3-102}$$

该模型与吸附质初始浓度 c_0、吸附剂质量浓度 a_m、吸附剂的交换容量 CEC 以及吸附剂的 Langmuir 吸附常数 K_L 有关。由于该模型中包含的参数都是已知的初始值，不包含未知参数吸附平衡时的吸附质浓度 c_e，所以该模型可以用于平衡吸附量的预测。

为了检验该预测模型的可靠性，设计了四组吸附实验。并用实验结果与预测模型的计算结果相比较。已知实验所用高岭石的交换容量 CEC 为每 100g 6.86mmol，K_L 为 0.083；实验所用蒙脱石的交换容量 CEC 为每 100g 23.59mmol，K_L 为 0.094。

模型检验结果见表 3-9，由表可知，实验值与预测模型计算值的相关系数较高，相关系数的平方值分别为 0.9838 和 0.9910，该模型具有较好的可靠性，可用此模型来预测黏土矿物对 Ca^{2+} 的平衡吸附量，并可进一步应用于任何单组分吸附的平衡吸附量预测，节省了大量的实验工作，对现实生产实践中确定吸附质的初始浓度和预测平衡吸附量也具有指导意义。

表 3-9　模型检验

Ca^{2+} 初始浓度 /mmol·L^{-1}	黏土浓度 /g·L^{-1}	高岭石 q_e/mg·g^{-1}		蒙脱石 q_e/mg·g^{-1}	
		实验值	预测值	实验值	预测值
10	5	1.113	1.2340	4.523	4.4377

续表3-9

Ca^{2+}初始浓度/mmol·L^{-1}	黏土浓度/g·L^{-1}	高岭石 q_e/mg·g^{-1}		蒙脱石 q_e/mg·g^{-1}	
		实验值	预测值	实验值	预测值
10	10	1.275	1.2235	4.227	4.3045
50	5	2.231	2.2088	7.928	7.7537
50	10	2.320	2.2064	7.482	7.7261
R^2		0.9838		0.9910	

3.5 原生硬度的概念和模型

在不加任何水质调整剂的情况下，循环煤泥水体系经过多次循环运行稳定后的水质硬度称为原生硬度，其大小取决于补加水硬度（基础硬度）和煤中矿物组成。煤泥水澄清的难易程度与煤泥水的原生硬度有关。煤中矿物对水质的影响见表3-10。

表3-10　煤中矿物对水质的影响

矿物	试验条件		离子浓度/mg·L^{-1}						硬度/mmol·L^{-1}
	吸附时间/h	矿物浓度/g·L^{-1}	Na$^+$和K$^+$	Ca^{2+}	Mg^{2+}	Cl$^-$	SO$_4^{2-}$	HCO$_3^-$	
空白样			14.3	130.5	28.8	85.9	30.1	393.5	4.44
蒙脱石	2	100	0.0	43.4	12.1	0.0	0.0	0.0	1.57
伊利石	2	100	33.1	84.7	23.3	89.3	15.4	289.2	3.07
高岭石	2	100	30.1	104.4	21.2	89.5	70.1	321.1	3.48
石英	2	100	2.8	110.6	25.4	88.3	2.0	316.7	3.80
石膏	2	100	56.0	704.3	28.6	121.5	1577	228.4	18.79
白云石	2	100	0.0	157.6	35.3	0.0	0.0	0.0	5.42
方解石	2	100	0.0	165.5	27.4	0.0	0.0	0.0	5.28

从矿物质的溶液化学反应影响水质硬度的角度，可以把煤中矿物分为：硬度增加型矿物质和硬度降低型矿物质。硬度增加型矿物质在循环煤泥水体系中释放出 Ca^{2+}、Mg^{2+}，使水质硬度增加；硬度降低型矿物质在循环煤泥水体系中吸附 Ca^{2+}、Mg^{2+}，使水质硬度降低。硬度增加型矿物质包括：石膏、白云石、方解石等；硬度降低型矿物质包括：蒙脱石、高岭石、伊利石、石英等。煤中脉石矿物主要以硬度降低型矿物质为主，循环煤泥水体系中影响水质硬度的离子主要以

Ca^{2+} 为主，所以本节主要考虑黏土矿物对 Ca^{2+} 吸附从而影响循环煤泥水体系的水质硬度。

根据上一节建立的平衡吸附量预测模型，平衡吸附量以 Ca^{2+} 的摩尔浓度的变化量（mmol/L）来表示：

$$q_e = \frac{0.005}{K_L} \times [\, 100 + K_L a_m CEC + 100 K_L c_0 - \sqrt{-400 K_L^2 a_m CEC c_0 + (-100 - K_L a_m CEC - 100 K_L c_0)^2}\,]$$

$$(3-103)$$

黏土矿物对 Ca^{2+} 的吸附过程符合准二级吸附动力学方程：

$$q_t = \frac{K q_e^2 t}{K q_e t + 1}$$

$$(3-104)$$

式中　q_t——t 时刻的 Ca^{2+} 浓度变化量，mmol/L；

q_e——吸附平衡时 Ca^{2+} 浓度的变化量，mmol/L；

t——吸附时间，h；

K——吸附速率常数，L/(mmol·h)。

在煤泥水实现闭路循环后，在每一次循环过程中，黏土矿物未必能在本次循环结束时达到吸附平衡，然后黏土矿物与循环水分离，澄清循环水进入下一次的选煤过程，与一批新的黏土矿物继续发生吸附反应。周而复始，循环水经过多次循环和多次吸附反应，吸附达到平衡，循环水的水质硬度趋于稳定，此时循环煤泥水体系的水质硬度为原生硬度。

第 n 次循环的吸附动力学方程：

$$q_{tn} = \frac{K_n q_{en}^2 t}{K_n q_{en} t + 1}$$

$$(3-105)$$

式中　q_{tn}——第 n 次循环中 t 时刻的 Ca^{2+} 浓度变化量，mmol/L；

q_{en}——第 n 次循环中吸附平衡时 Ca^{2+} 浓度的变化量，mmol/L；

K_n——第 n 次循环的吸附速率常数。

假设每次循环的有效吸附时间为 t_0，循环煤泥水体系的基础硬度为 H_0（mmol/L），就可以得到每次循环中某时刻的水质硬度（即 Ca^{2+} 的浓度）。

第 1 次循环结束后循环煤泥水体系的水质硬度 H_1：

$$H_1 = H_0 - \frac{K_1 q_{e1}^2 t_0}{K_1 q_{e1} t_0 + 1}$$

$$(3-106)$$

第 2 次循环结束后循环煤泥水体系的水质硬度 H_2：

$$H_2 = H_1 - \frac{K_2 q_{e2}^2 t_0}{K_2 q_{e2} t_0 + 1}$$

$$= H_0 - \frac{K_1 q_{e1}^2 t_0}{K_1 q_{e1} t_0 + 1} - \frac{K_2 q_{e2}^2 t_0}{K_2 q_{e2} t_0 + 1}$$

$$(3-107)$$

……

第 n 次循环结束后循环煤泥水体系的水质硬度 H_n：

$$H_n = H_{n-1} - \frac{K_n q_{en}^2 t_0}{K_n q_{en} t_0 + 1}$$

$$= H_0 - \frac{K_1 q_{e1}^2 t_0}{K_1 q_{e1} t_0 + 1} - \frac{K_2 q_{e2}^2 t_0}{K_2 q_{e2} t_0 + 1} - \cdots - \frac{K_n q_{en}^2 t_0}{K_n q_{en} t_0 + 1} \qquad (3\text{-}108)$$

若煤泥水经过 n 次循环后，循环煤泥水体系的水质硬度达到稳定（$H_n \approx H_{n-1}$），便得到该循环煤泥水体系的原生硬度，则原生硬度的模型为：

$$H_o = H_0 - \frac{K_1 q_{e1}^2 t_0}{K_1 q_{e1} t_0 + 1} - \frac{K_2 q_{e2}^2 t_0}{K_2 q_{e2} t_0 + 1} - \cdots - \frac{K_n q_{en}^2 t_0}{K_n q_{en} t_0 + 1} \qquad (3\text{-}109)$$

在煤泥水澄清过程中，常加入一些钙盐类水质调整剂，添加水质调整剂后循环煤泥水体系的水质硬度骤增，然后黏土矿物对 Ca^{2+} 吸附，循环煤泥水体系的水质硬度又逐渐降低。

水质硬度提升量与水质调整剂用量的关系：

$$S = BDx \qquad (3\text{-}110)$$

式中　S——溶解后水质硬度（Ca^{2+} 浓度）的提升量，$mmol/L$；

　　　　x——水质调整剂用量，g/L；

　　　　B——贡献常数，表示水质调整剂对水质硬度的贡献率大小，$mmol/g$；

　　　　D——水质调整剂纯度系数。

如果在第 n 次循环中的 t_1 时刻添加水质调整添加剂调整水质，此循环过程中某时刻的水质硬度为：

$$H_{tn} = \begin{cases} H_{n-1} - \dfrac{K_n q_{en}^2 t}{K_n q_{en} t + 1} & (t \leqslant t_1) \\[4mm] H_{t_1 n} + S - \dfrac{K_n' q_{en}'^2 (t - t_1)}{K_n' q_{en}' (t - t_1) + 1} & (t > t_1) \end{cases} \qquad (3\text{-}111)$$

4 水质对煤泥水澄清的影响

<<<<<<<<<<<<<<<<<<<<<<<<<<<<<<<<<<<<<<<<<<<<<<<<<<<<<<<<<<<<<<<<<

　　煤泥水的澄清环节是选煤厂稳定生产的重要环节,为了节约水资源,必须实现煤泥水的澄清闭路循环。第 3 章主要从理论层面上研究了循环煤泥水体系的溶液化学特征和胶体化学特征,本章将在溶液化学和胶体化学的基础上,研究水质对煤泥水澄清的影响。

4.1　煤泥水的浓缩澄清流程及原理

　　煤泥水处理主要采用分级、脱泥、浓缩、澄清、浮选、过滤、压滤等作业。常见的煤泥水处理原则流程如图 4-1 所示。

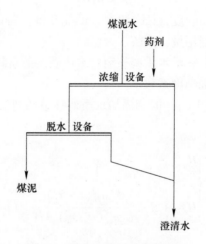

图 4-1　煤泥水处理原则流程

　　现行煤泥水系统的浓缩澄清技术是将煤泥水分离成澄清水和稠煤浆的过程,是煤泥水处理的重要手段。在连续生产的浓缩机中的浓缩过程如图 4-2 所示。

　　需澄清的煤泥水送入圆筒形容器中央的自由沉降区 B,下面是过渡区 C,再下面是压缩区 D,底层为耙子运动的锥形表面区 E。在澄清区 A,澄清水流入环形槽中,作为溢流(循环水)排出去。浓缩机溢流的澄清度及底流的浓度与待处理煤泥水在浓缩机中停留的时间有关,停留的时间越长,溢流越清,底流越浓。在一般工作条件下,浓缩机入料中煤泥粒度应小于 0.5mm。溢流水煤泥粒度应小于 0.05~0.1mm。

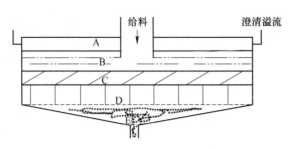

图 4-2　煤泥水在浓缩机中的浓缩过程
A—澄清区；B—沉降区；C—过渡区；D—压缩区；E—靶子区

在实际生产中，煤泥水（尤其是选煤厂的浮选尾矿）主要特点是：煤泥水浊度高、灰分高、固体颗粒表面多数带负电荷，同性电荷间的斥力使这些微粒在水中保持分散状态。它们在水中不仅受重力的作用，还受颗粒间范德华力和静电力的影响。此外，由于煤泥水中固体颗粒界面之间的互相作用（如吸附、溶解、化合等），使得煤泥水的性质相当复杂，不但具有悬浮液的性质，往往还具有胶体的性质。由于上述原因，使得多数选煤厂的煤泥水很难自然澄清。

4.2　沉降实验

从 DLVO 理论分析可知，通过调整水质硬度可以改变颗粒之间的相互作用势能而影响煤泥水中固体颗粒的凝聚和分散状态。本节通过沉降试验来验证水质硬度对沉降效果的影响。试验用样为某选煤厂浓缩机入料的煤泥水样，煤泥水样浓度为 50 g/L，试验物料的 X 射线衍射分析如图 2-1 所示，粒度分析见表 2-1，通过石膏调整水质硬度。

4.2.1　凝聚沉降试验

在不添加絮凝剂的情况下，水质硬度对煤泥沉降的影响如图 4-3 所示。当水质硬度为 1mmol/L 时，初始沉降速度为 2.7cm/min，上清液的透光度为 11%，在此水质条件下，初始沉降速度较慢，上清液较浑浊；当水质硬度为 5mmol/L 时，初始沉降速度为 8.1cm/min，上清液的透光度为 74%；当继续提升水质硬度时，初始沉降速度和上清液透光度增幅变缓，并趋于平稳。试验表明：水质硬度高，有利于煤泥沉降。二价金属阳离子对颗粒沉降行为影响的原理如图 4-4 所示，二价阳离子可以使得表面带负电的颗粒发生凝聚。主要体现在二价阳离子可以减少颗粒表面的负电性，降低颗粒间的静电斥力，使得颗粒较容易发生凝聚。

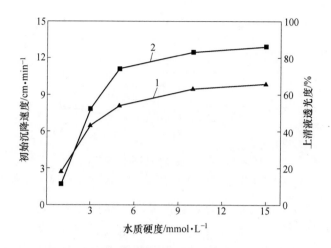

图 4-3　水质硬度对煤泥沉降的影响

1—沉降速度；2—透光度

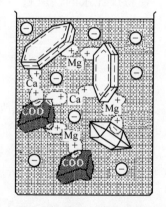

图 4-4　二价金属阳离子对颗粒沉降行为的影响

4.2.2　絮凝沉降试验

絮凝剂 PAM 对煤泥沉降的影响如图 4-5 所示。由于试验所用 PAM 为工业级别，所以，纯度不高，其用量较大。当 PAM 用量为 200g/t 时，初始沉降速度为 7.3cm/min，上清液的透光度为 12%；当 PAM 用量为 600g/t 时，初始沉降速度为 19.4cm/min，上清液的透光度为 47%；当增加 PAM 用量时，初始沉降速度和上清液透光度增幅变缓，并趋于平稳。PAM 可以大幅度增加煤泥的沉降速度，但是上清液透光度较低。所以，在实际生产中，只添加絮凝剂 PAM 的情况下，PAM 很难捕捉到表面带负电的微细颗粒，浓缩机溢流水中含有很多微细颗粒，循环水的浊度较高。

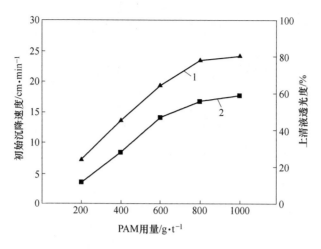

图 4-5　PAM 用量对煤泥沉降的影响

1—沉降速度；2—透光度

4.2.3　混凝沉降试验

当絮凝剂 PAM 的用量为 200g/t 的情况下，水质硬度对煤泥沉降的影响如图 4-6 所示。当水质硬度为 1mmol/L 时，初始沉降速度为 10.2cm/min，上清液的透光度为 42%；当水质硬度为 5mmol/L 时，初始沉降速度为 21.1cm/min，上清液的透光度为 91%；当继续提升水质硬度时，初始沉降速度和上清液透光度增幅变缓，并趋于平稳，且上清液透光度可达到 98%。与凝聚沉降试验和絮凝沉降

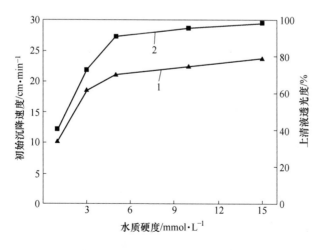

图 4-6　水质硬度对煤泥沉降的影响

1—沉降速度；2—透光度

试验相比，同时添加 PAM 和水质调整剂可大幅提高沉降速度，并可得到非常澄清的上清液，且絮凝剂的用量较少，可实现煤泥水的澄清循环。二价金属阳离子对颗粒絮凝影响的原理如图 4-7 所示，二价阳离子在 PAM 支链与带负电的颗粒之间起到架桥作用，使得 PAM 支链更容易捕捉固体颗粒。

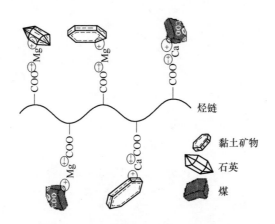

图 4-7　二价金属阳离子对颗粒絮凝的影响

4.3　临界硬度的概念和计算

　　水质硬度对煤泥颗粒的凝聚沉降有一定的影响，在低水质硬度范围，该影响较敏感；在高水质硬度范围，该影响没有进一步扩大。所以，本节将以 DLVO 理论为基础，计算煤泥凝聚沉降的水质硬度临界值。

4.3.1　临界硬度的概念

　　在循环煤泥水体系中，因为胶体颗粒带负电，而且强烈的布朗运动使它不致很快沉降，故具有一定的动力学稳定性；另一方面，胶体颗粒是高度分散的多相体系，相界面很大，胶粒之间有强烈的凝聚倾向，所以又是热力学不稳定体系。因此，胶体的凝聚稳定性是胶体稳定与否的关键。它对电解质十分敏感，在电解质作用下胶粒凝聚而下沉的现象称为聚沉，聚沉是胶体不稳定的主要表现。在指定条件下使胶粒聚沉所需电解质的最低浓度称为临界聚沉浓度。而临界硬度是指循环煤泥水体系中各种矿物颗粒实现自发凝聚的最低水质硬度值。

　　根据颗粒间作用势能的大小，可以把颗粒的赋存状态分为三类：分散状态、凝聚状态、分散凝聚临界状态。如图 4-8 所示，当颗粒间作用势能的最大值大于零时，即作用势垒的峰值大于零时，颗粒为分散状态；当颗粒间作用势能的最大值小于零时，颗粒为凝聚状态；当颗粒间作用势能的最大值等于零时，颗粒为分散凝聚临界状态，达到该状态所需电解质的最低浓度值为临界聚沉浓度。

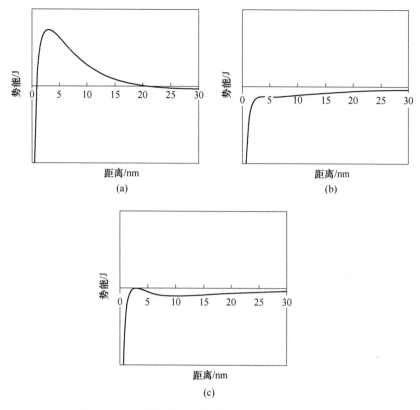

图 4-8 相互作用势能的分散、凝聚和临界三种状态

（a）分散状态；（b）凝聚状态；（c）临界状态

4.3.2 临界聚沉浓度和临界硬度的计算

对于临界聚沉浓度的计算，可以通过颗粒间的作用势能或作用力来计算。传统意义上，都是基于作用势能来计算临界聚沉浓度，本节将提出根据作用力来计算的方法，该计算方法的临界条件更加严格，计算结果也较准确。下面以恒表面电势模型的两个平板颗粒相互作用为例，分别通过作用势能和作用力来计算临界聚沉浓度。

4.3.2.1 根据作用势能计算临界聚沉浓度

恒表面电势模型的平板颗粒间的总作用势能：

$$V_T = V_R + V_A = \frac{64000 N_A C k T}{\kappa} \gamma_0^2 \exp(-\kappa h) - \frac{A}{12\pi h^2} \tag{4-1}$$

当总作用势能的最大值为零时，视为临界条件，故：

$$\begin{cases} V_T = 0 \\ \dfrac{dV_T}{dh} = 0 \end{cases} \tag{4-2}$$

即为：

$$\begin{cases} V_T = \dfrac{64000 N_A CkT}{\kappa}\gamma_0^2\exp(-\kappa h) - \dfrac{A}{12\pi h^2} = 0 \\ \dfrac{dV_T}{dh} = -\kappa\dfrac{64000 N_A CkT}{\kappa}\gamma_0^2\exp(-\kappa h) + \dfrac{A}{6\pi h^3} = 0 \end{cases} \tag{4-3}$$

方程组第一式乘以 $-\dfrac{2}{h}$，得到：

$$\begin{cases} V_T = -\dfrac{2}{h}\dfrac{64000 N_A CkT}{\kappa}\gamma_0^2\exp(-\kappa h) + \dfrac{A}{6\pi h^3} = 0 \\ \dfrac{dV_T}{dh} = -\kappa\dfrac{64000 N_A CkT}{\kappa}\gamma_0^2\exp(-\kappa h) + \dfrac{A}{6\pi h^3} = 0 \end{cases} \tag{4-4}$$

解得：

$$\frac{2}{h} = \kappa \tag{4-5}$$

$$\kappa h = 2 \tag{4-6}$$

对于对称型电解质：

$$\kappa = \left(\frac{2000 Z^2 e^2 N_A C}{\varepsilon k T}\right)^{\frac{1}{2}} \tag{4-7}$$

把式 (4-7) 代入式 (4-1)，可得：

$$V_T = 64000\left(\frac{\varepsilon k^3 T^3 N_A C}{2000 Z^2 e^2}\right)^{\frac{1}{2}}\gamma_0^2\exp(-\kappa h) - \frac{2000 Z^2 e^2 N_A CA}{12\pi\varepsilon k T}\frac{1}{(\kappa h)^2} = 0 \tag{4-8}$$

把式 (4-6) 代入式 (4-8)，解方程，得：

$$C_{ccc} = \frac{159648\varepsilon^3 k^5 T^5 \gamma_0^4}{1000 N_A e^6 A^2 Z^6} \tag{4-9}$$

已知：$\varepsilon_0 = 8.854 \times 10^{-12}$ F/m，$\varepsilon_r = 78.5$，$k = 1.3805 \times 10^{-23}$ J/K，$e = 1.602 \times 10^{-19}$ C，$N_A = 6.023 \times 10^{23}$ mol^{-1}，$\varepsilon = \varepsilon_0\varepsilon_r = 8.854 \times 10^{-12} \times 78.5 = 6.95 \times 10^{-10}$ F/m，把参数代入式 (4-9)，可得：

$$C_{ccc} = 3.525 \times 10^{-51}\frac{T^5\gamma_0^4}{A^2 Z^6}\ (\text{mol/L}) \tag{4-10}$$

当 $T = 298K$ 时,

$$C_{\text{ccc}} = 8.284 \times 10^{-39} \frac{\gamma_0^4}{A^2 Z^6} \tag{4-11}$$

当 $\psi_0 > 200\text{mV}$ 时, $\gamma_0 \approx 1$。一般认为,加入少量的电解质,不会影响体系的混合 Hamaker 常数 A。故有

$$C_{\text{ccc}} \propto \frac{1}{Z^6} \tag{4-12}$$

当 $\psi_0 < 25\text{mV}$ 时, $\gamma_0 = \dfrac{Ze\psi_0}{4kT}$, 故:

$$C_{\text{ccc}} = \frac{159648\varepsilon^3 kT\psi_0^4}{256000 N_A e^2 A^2 Z^2} \tag{4-13}$$

代入各参数值,得:

$$C_{\text{ccc}} = 1.845 \times 10^{-36} \frac{T\psi_0^4}{A^2 Z^2} \tag{4-14}$$

当 $T = 298K$ 时,

$$C_{\text{ccc}} = 5.499 \times 10^{-34} \frac{\psi_0^4}{A^2 Z^2} \tag{4-15}$$

一般认为,加入少量的电解质,不会影响体系的混合 Hamaker 常数 A。故有:

$$C_{\text{ccc}} \propto \frac{\psi_0^4}{Z^2} \tag{4-16}$$

由以上计算结果可知,当颗粒的表面电位 $\psi_0 < 25\text{mV}$ 时,临界聚沉浓度与对称型电解质的作用离子价态的二次方成反比,与颗粒表面电位的四次方成正比,与 Hamaker 常数的二次方成反比。所以,Hamaker 常数越大,临界聚沉浓度值越小;颗粒的表面电位的绝对值越小,临界聚沉浓度值越小;电解质的作用离子价态越高,临界聚沉浓度值越小。

4.3.2.2 根据作用力计算临界聚沉浓度

颗粒间的作用势能与作用力的关系:

$$V = -\int_{+\infty}^{D} F(h)\,dh \tag{4-17}$$

$$F = -\frac{dV}{dh} \tag{4-18}$$

根据作用势能定义的临界条件下,颗粒间作用势能和作用力的曲线如图 4-9 所示。当颗粒靠近的过程中,在 B-A 区域,其势能是逐渐上升,该区域的作用力应该是斥力。所以,颗粒进入该区域前,必须有足够的动能来越过此斥力区,考

虑到环境的复杂性，颗粒在该斥力区发生碰撞等因素的影响，使得颗粒不能越过该斥力区。因此，当颗粒间作用力的最大值为零（所有范围内都是引力）时，如图 4-10 所示，才是颗粒发生凝聚的临界条件。本小节将根据作用力的临界条件来计算临界聚沉浓度。

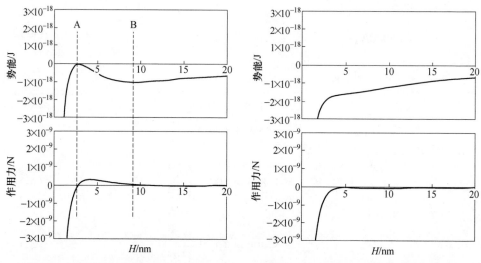

图 4-9　基于相互作用势能的临界条件　　　图 4-10　基于相互作用力的临界条件

对于恒表面电势模型的平板颗粒间的总作用力：

$$F_T = F_R + F_A = 64000N_A CkT\gamma_0^2 \exp(-\kappa h) - \frac{A}{6\pi h^3} \tag{4-19}$$

从作用力的角度考虑，临界硬度值的严格条件：

$$\begin{cases} F_T = 0 \\ \dfrac{dF_T}{dh} = 0 \end{cases} \tag{4-20}$$

$$\begin{cases} F_T = 64000N_A CkT\gamma_0^2 \exp(-\kappa h) - \dfrac{A}{6\pi h^3} = 0 \\ \dfrac{dF_T}{dh} = -\kappa \times 64000N_A CkT\gamma_0^2 \exp(-\kappa h) + \dfrac{A}{2\pi h^4} = 0 \end{cases} \tag{4-21}$$

方程组第一式乘以 $-\dfrac{3}{h}$，得到

$$\begin{cases} F_T = -\dfrac{3}{h}64000N_A CkT\gamma_0^2 \exp(-\kappa h) + \dfrac{A}{2\pi h^4} = 0 \\ \dfrac{dF_T}{dh} = -\kappa 64000N_A CkT\gamma_0^2 \exp(-\kappa h) + \dfrac{A}{2\pi h^4} = 0 \end{cases} \tag{4-22}$$

解得：

$$\frac{3}{h} = \kappa \tag{4-23}$$

$$\kappa h = 3 \tag{4-24}$$

把式 (4-7) 代入式 (4-19)，可得：

$$F_T = 64000 N_A C k T \gamma_0^2 \exp(-\kappa h) - \left(\frac{2000 Z^2 e^2 N_A C}{\varepsilon k T}\right)^{\frac{3}{2}} \frac{A}{6\pi(\kappa h)^3} = 0 \tag{4-25}$$

把式 (4-24) 代入式 (4-25)，解方程：

$$C 64000 N_A k T \gamma_0^2 \exp(-3) = C^{\frac{3}{2}} \left(\frac{2000 Z^2 e^2 N_A}{\varepsilon k T}\right)^{\frac{3}{2}} \frac{A}{6\pi \, 3^3} \tag{4-26}$$

$$C^{\frac{1}{2}} = \frac{64000 N_A k T \gamma_0^2 \exp(-3)}{\left(\dfrac{2000 Z^2 e^2 N_A}{\varepsilon k T}\right)^{\frac{3}{2}} \dfrac{A}{6\pi \, 3^3}} \tag{4-27}$$

$$C = \frac{64000^2 \left[\exp(-3)\right]^2 162^2 \pi^2 \varepsilon^3 k^5 T^5 \gamma_0^4}{2000^3 N_A e^6 A^2 Z^6} \tag{4-28}$$

$$C_{ccc} = \frac{328724 \varepsilon^3 k^5 T^5 \gamma_0^4}{1000 N_A e^6 A^2 Z^6} \tag{4-29}$$

代入已知参数，得：

$$C_{ccc} = 7.258 \times 10^{-51} \frac{T^5 \gamma_0^4}{A^2 Z^6} \ (\mathrm{mol/L}) \tag{4-30}$$

当 $T = 298\mathrm{K}$ 时，

$$C_{ccc} = 1.706 \times 10^{-38} \frac{\gamma_0^4}{A^2 Z^6} \tag{4-31}$$

当 $\psi_0 > 200\mathrm{mV}$ 时，$\gamma_0 \approx 1$。一般认为，加入少量的电解质，不会影响体系的混合 Hamaker 常数 A。故有

$$C_{ccc} \propto \frac{1}{Z^6} \tag{4-32}$$

当 $\psi_0 < 25\mathrm{mV}$ 时，$\gamma_0 = \dfrac{Z e \psi_0}{4kT}$，故：

$$C_{ccc} = \frac{328724 \varepsilon^3 k T \psi_0^4}{256000 N_A e^2 A^2 Z^2} \tag{4-33}$$

代入各参数值，得：

$$C_{ccc} = 3.799 \times 10^{-36} \frac{T\psi_0^4}{A^2 Z^2} \tag{4-34}$$

$T = 298\text{K}$,

$$C_{ccc} = 1.132 \times 10^{-33} \frac{\psi_0^4}{A^2 Z^2} \tag{4-35}$$

一般认为，加入少量的电解质，不会影响体系的混合 Hamaker 常数 A。故有

$$C_{ccc} \propto \frac{\psi_0^4}{Z^2} \tag{4-36}$$

该计算结果与根据作用势能的计算结果类似，只是系数大小不同，其他规律一样。比较式（4-11）与式（4-31），根据作用力求解所得结果的系数值是根据作用势能求解所得结果的 2.059 倍。所以，根据作用力求得的临界聚沉浓度大于根据作用势能求得的临界聚沉浓度，根据作用力求得的临界聚沉浓度值更能确保颗粒实现凝聚。

4.3.2.3　颗粒间聚沉的临界硬度值

以恒表面电势模型的两个同类矿物平板颗粒相互作用为例，得到了临界聚沉浓度模型。由于煤中难沉降的主要脉石矿物表面带负电，即 $\psi_0 < 25\text{mV}$，则颗粒聚沉的临界硬度模型如下。

根据作用势能计算：

$$H_c = 5.499 \times 10^{-34} \frac{\psi_0^4}{A^2 Z^2} \tag{4-37}$$

根据作用力计算：

$$H_c = 1.132 \times 10^{-33} \frac{\psi_0^4}{A^2 Z^2} \tag{4-38}$$

以对称型电解质 $CaSO_4$ 为例，计算同类矿物平板状颗粒凝聚的临界硬度，计算结果见表 4-1。由于无法测得颗粒的表面电位，计算中以 Zeta 电位代替颗粒表面电位，各类矿物在不同钙离子浓度下的 Zeta 电位如图 3-5 所示。颗粒间的混合 Hamaker 常数见表 3-7。

表 4-1　同类矿物平板颗粒凝聚的临界硬度

矿　物	临界硬度/mmol · L^{-1}	
	根据作用势能	根据作用力
高岭石	0.30	0.33
蒙脱石	0.34	0.48

矿 物	临界硬度/mmol · L^{-1}	
	根据作用势能	根据作用力
伊利石	0.44	0.65
石英	28.55	31.73

由于黏土矿物的混合 Hamaker 常数较大，且电解质浓度对 Zeta 电位的影响较大，所以黏土矿物颗粒凝聚的临界硬度值比较小。而石英的 Hamaker 常数较小，且 Zeta 电位负电性较强，所以石英颗粒凝聚的临界硬度值较大。

4.4 临界有效面重的概念和计算

上一节基于 DLVO 理论计算出颗粒聚沉的临界硬度，本节将从实际生产的角度，分析颗粒在浓缩机中的受力情况，从而更准确地计算颗粒聚沉的临界条件。

4.4.1 浓缩机中的流场分析

煤泥水通过中间给料筒进入浓缩机，在浓缩机中实现固液分离，澄清水从浓缩机溢流口流出，浓缩后的高浓度煤浆从浓缩机底流排出。通过对浓缩机中的流场分析，在浓缩机的沉降区为垂直上升的水流，上升水流的速度可用式（4-39）计算：

$$v_f = \frac{Q_f - Q_u}{\pi r^2} \tag{4-39}$$

式中　v_f ——水流上升速度，m/s；

　　　Q_f ——浓缩机入料量，m³/s；

　　　Q_u ——浓缩机底流排出量，m³/s；

　　　r ——浓缩机半径，m。

4.4.2 颗粒在浓缩机中的沉降分析

颗粒在流体中的沉降是煤泥水澄清过程中颗粒最基本的运动形式。颗粒因自身的密度、粒度和形状不同，在一定介质中就会有不同的沉降速度。这种差异，主要是由于介质的浮力和颗粒在介质中所受到的阻力不同。

浓缩机中颗粒沉降时介质绕流状态属于层流（$Re < 0.5$），可用斯托克斯公式计算球形颗粒的自由沉降末速：

$$v_0 = \frac{d^2}{18\mu}(\delta - \rho)g \tag{4-40}$$

式中　v_0 ——自由沉降末速，m/s；

　　d ——颗粒的直径，m；

　　δ ——颗粒的密度，kg/m³；

　　ρ ——介质的密度，kg/m³；

　　g ——重力加速度，m/s²；

　　μ ——流体黏度，Pa·s。

　　在浓缩机的沉降区，水流方向为垂直向上，且上升水流的速度较小。颗粒在垂直等速上升介质流中的干涉沉降末速为：

$$v_p = \alpha_f^{n-1} \frac{d^2(\delta - \rho)g}{18\mu} - v_f \tag{4-41}$$

式中　v_p ——干涉沉降末速，m/s；

　　　α_f ——悬浮体的松散度；

　　　n ——颗粒的粒度和形状影响指数。

　　颗粒在浓缩机中沉降过程是一个动态变化过程。一定药剂用量范围内，药剂用量大时，沉降速度快，但药耗大；药剂用量较小时，沉降速度慢，进入浓缩机的煤泥水还没澄清就溢流出去。所以煤泥水的沉降存在一个动态平衡，而这个临界状态就是颗粒在浓缩机中保持静止，即相对沉降速度等于垂直上升介质流的速度，而绝对沉降速度为零。该临界状态是指颗粒在垂直上升介质流中临界沉降末速为零。

$$v_p = 0 \tag{4-42}$$

　　即：

$$\alpha_f^{n-1} \frac{d^2(\delta - \rho)g}{18\mu} = v_f \tag{4-43}$$

　　移项，方程两边同时乘以 π，得：

$$\pi \times d^2(\delta - \rho) = \pi \frac{18\mu}{\alpha_f^{n-1}g} v_f \tag{4-44}$$

　　方程左边是颗粒表面积乘以有效密度，可称为有效面重，用 W_{es} 表示。

$$W_{es} = \pi \times d^2(\delta - \rho) \tag{4-45}$$

　　所以，颗粒在垂直上升介质流中干涉沉降，要达到临界沉降末速才能实现沉降，而达到该临界沉降末速的条件是：颗粒达到临界有效面重。该临界有效面重的模型为：

$$W_{es} = \frac{18\pi\mu}{\alpha_f^{n-1}g} v_f \tag{4-46}$$

　　颗粒实现沉降的临界有效面重与介质的黏度、介质流上升速度、颗粒的粒度和形状指数、悬浮体松散度有关。

　　颗粒可以通过凝聚或絮凝增大颗粒的粒度，达到临界有效面重，从而在垂直上升的介质流中实现沉降。

4.4.3　举例计算

本节通过举例计算来更清楚地了解临界有效面重的概念。设介质流垂直上升速度 $v_f = 0.01 \text{m/s}$，介质的黏度 $\mu = 0.001 \text{Pa·s}$，悬浮体的松散度 $\alpha_f = 0.95$，颗粒的粒度和形状指数 $n = 4.7$，则颗粒沉降的临界有效面重为：

$$W_{es} = \frac{18\pi\mu}{\alpha_f^{n-1} g} v_f = \frac{18 \times 3.14 \times 0.001}{0.95^{4.7-1} \times 9.8} \times 0.01 = 6.97 \times 10^{-5} (\text{kg/m}) \qquad (4-47)$$

由计算可知，颗粒的有效面重大于 $6.97 \times 10^{-5} \text{kg/m}$，才可以在假设的介质流中实现沉降。达到该临界有效面重的条件是：颗粒絮团密度足够大或颗粒絮团的粒度足够大。

若颗粒絮团的密度 $\delta = 2000 \text{kg/m}^3$，介质的密度 $\rho = 1000 \text{kg/m}^3$，则颗粒实现沉降的临界粒度为：

$$d = \sqrt{\frac{W_{es}}{\pi \times (\delta - \rho)}} = \sqrt{\frac{6.97 \times 10^{-5}}{3.14 \times (2000 - 1000)}} = 149 (\mu\text{m}) \qquad (4-48)$$

在以上假设条件下，颗粒实现沉降的最小粒度为 $149\mu\text{m}$，小于该粒度的颗粒将随介质流上升并从浓缩机溢流堰排出。所以，为了实现煤泥水的澄清循环，需要添加水质调整剂或絮凝剂来实现颗粒的凝聚或絮凝，使得絮团颗粒先达到临界粒度，然后沉降。

5 水质对煤泥浮选的影响

<<<<<<<<<<<<<<<<<<<<<<<<<<<<<<<<<<<<<<<<<<<<<<<<<<<<<<<<<<<<<<

水质对煤泥水澄清环节有一定的影响，水质硬度越高，越容易实现煤泥水的澄清循环。但是澄清环节和浮选环节处于同一个系统，不能忽略了水质对浮选环节的影响，本章将从实验室浮选试验、现场工业试验以及人工混合矿浮选试验来研究水质对煤泥浮选的影响。

5.1 实验室浮选试验

5.1.1 不同水质硬度的矿浆浮选试验

现场采集某选煤厂浮选入料矿浆做实验室浮选试验，分别采集加石膏（凝聚剂）前后的矿浆。试验采用 XFD 型单槽浮选机，以煤油作为捕收剂，以 2 号油作为起泡剂，每次试验取 0.8L 矿浆，预搅拌 2min，然后依次加入捕收剂和起泡剂，浮选 2min，最后浮选泡沫产品和尾煤经过滤烘干，分别称重及化验灰分，试验流程如图 5-1 所示。用两个不同水质硬度的矿浆试样做同药剂制度下的对比实验，试验结果见表 5-1。

图 5-1　矿浆浮选试验流程

表 5-1　不同水质硬度的矿浆的浮选试验

煤样	水质硬度 /mmol·L⁻¹	−0.045mm 含量/%	精煤		尾煤		计算原煤 灰分/%
			产率/%	灰分/%	产率/%	灰分/%	
低硬度	0.71	71.32	27.53	7.52	72.47	28.99	23.08
高硬度	3.92	65.26	55.78	8.64	44.22	35.13	20.35

在两个不同水质硬度矿浆中，−0.045mm 的微细颗粒含量不同，低水质硬度的矿浆中−0.045mm 的微细颗粒含量为 71.32%，而在高水质硬度矿浆中仅为 65.26%。因为当水质硬度较低时，循环煤泥水体系中没有足够的高价阳离子中和黏土颗粒表面负电性而不易沉降，一些黏土颗粒随浓缩溢流进入循环水，随着循环水在系统中循环。循环时间越长，微细黏土颗粒的含量越高，煤泥水越不易实现澄清循环。水质硬度降低为黏土泥化悬浮创造了条件；反之，黏土矿物泥化

又造成水质硬度降低、颗粒沉降环境恶化。两个过程相互耦合，造成了大量黏土矿物在水中循环、集聚，最终导致浮选入料中含有大量的微细颗粒。

浮选试验表明，在相同的药剂制度下，低水质硬度的矿浆的浮选精煤产率较低，仅仅为27.53%，而此指标在高硬度情况下可以达到55.78%。另外，在低水质硬度下，浮选入料的灰分也高出2.7%。由于低水质硬度运行体系下，煤泥水不能澄清循环，使得浮选入料中的微细颗粒含量较高，即灰分增加，由于微细颗粒具有较大的比表面积，可吸附大量的浮选药剂，使得浮选过程浪费了大量药剂，所以低水质硬度的浮选精煤产率较低。

5.1.2 水质对煤泥浮选的影响

5.1.2.1 物料性质和试验方法

试验所用煤泥来自某选煤厂浮选入料，经过滤和低温干燥制得干煤泥试样，试验物料的 X 射线衍射分析如图 2-2 所示，试样的粒度分析见表 2-2。浮选试验用水为某选煤厂的澄清循环水和某市自来水，水质分析结果见表 5-2。本试验以煤油作为捕收剂，以 2 号油作为起泡剂，以石膏（$CaSO_4 \cdot 2H_2O$）和硫酸钾（K_2SO_4）作为水质调整剂，浮选试验流程如图 5-2 所示。每次试验取煤泥 60g 与现场澄清循环水配成 0.8L 矿浆，然后依次加入石膏、煤油和 2 号油，浮选 2min，所得精煤和尾煤经过滤烘干，分别称重及化验灰分。

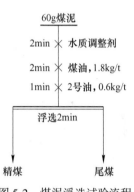

图 5-2　煤泥浮选试验流程

表 5-2　浮选用水的水质分析

水样	电导率 /μS · cm⁻¹	水质硬度 /mmol · L⁻¹	离子含量/mg · L⁻¹					
			Ca^{2+}	Mg^{2+}	Na^+	K^+	Cl^-	SO_4^{2-}
自来水	340	2.01	54	16	15	1	23	0
循环水	1790	2.28	68	14	319	11	46	710

5.1.2.2 水质硬度对煤泥浮选的影响

首先，用循环水作为浮选用水，用石膏作为水质调整剂，试验通过改变石膏的添加量来调整水质硬度，其他药剂制度和浮选时间不变，研究水质硬度对浮选的影响。循环水在常温下的电导率为 1790μS/cm，水中除了含有 Ca^{2+}、Mg^{2+} 外，还含有大量的 Na^+ 和 SO_4^{2-}，其含量分别为 319mg/L 和 710mg/L。

试验结果如图 5-3 所示，循环水的基础硬度为 2.28mmol/L，不加石膏的情况

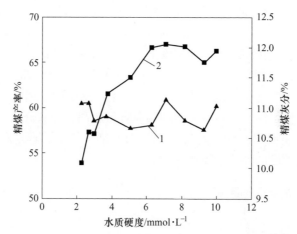

图 5-3　水质硬度对浮选的影响（循环水作为浮选用水）
1—精煤产率；2—精煤灰分

下，精煤的产率为 60.53%，灰分为 10.08%；当水质硬度从 2.28mmol/L 增加到 6mmol/L，精煤的灰分明显上升，从 10.08% 上升到 12%；继续加大石膏的添加量，当水质硬度在 6~10mmol/L 之间，精煤灰分不再上升，灰分稳定在 12%。在整个水质硬度变化范围内（2.28~10mmol/L），精煤产率没有明显变化规律，精煤的产率在 57.5%~60.5% 之间波动。

在其他试验条件不变的情况下，水质硬度从 2.28mmol/L 增加到 6mmol/L，精煤灰分上升约 1.9%，因此，在一定的水质硬度范围内，水质硬度越高，浮选的分选效果越差；当水质硬度高于 6mmol/L 时，水质硬度的增加对浮选不再产生影响。

然后，用某市自来水作为浮选用水，继续用上述试验方法来研究水质硬度对浮选的影响，同时考察不同浮选用水是否对煤泥浮选存在一定的影响。自来水在常温下的电导率为 340μS/cm，水中含有 Ca^{2+}、Mg^{2+}，其他离子含量较少。

由图 5-4 可知，自来水的基础硬度为 2.01mmol/L，不加石膏的情况下，精煤的产率为 37.20%，灰分为 10.67%；当水质硬度从 2.01mmol/L 略微增加到 2.2mmol/L 时，精煤的灰分上升约 0.7%，从 10.67% 上升到 11.36%；继续提高浮选矿浆的水质硬度，精煤灰分轻微地逐渐上升，当水质硬度为 6mmol/L 时，灰分为 12.05%；当水质硬度在 6~10mmol/L 之间，精煤灰分出现一个小的波动，灰分稳定在 11.57%~12.05% 之间。在整个水质硬度变化范围内（2.01~10mmol/L），精煤产率没有明显变化规律，精煤的产率在 35.46%~39.93% 之间波动。

如同用循环水作为浮选用水，当自来水作为浮选用水时，水质硬度高仍然对煤泥分选不利。在其他试验条件不变的情况下，水质硬度从 2.01mmol/L 增加到 6mmol/L，精煤灰分上升约 1.4%。

分别用循环水和自来水作为浮选用水，试验结果表明：水质硬度高，不利于

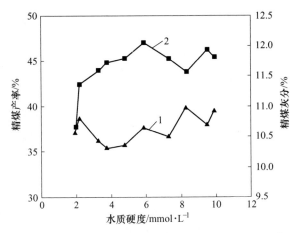

图 5-4　水质硬度对浮选的影响（自来水作为浮选用水）
1—精煤产率；2—精煤灰分

煤泥的浮选。另外，由于两种水质的差别，在相同浮选试验条件下，精煤的产率相差 20%。由此可知，浮选试验用水的电导率（即离子含量）是影响精煤产率的重要因素，浮选试验用水的电导率高，则浮选精煤产率大。

5.1.2.3　SO_4^{2-} 对煤泥浮选的影响

上述研究可知，循环水作为浮选用水比自来水作为浮选用水的精煤产率要高。循环水比自来水的电导率高，主要体现在 Na^+ 和 SO_4^{2-} 的含量不同，循环水中 Na^+ 和 SO_4^{2-} 的含量分别为 319mg/L 和 710mg/L，自来水中 Na^+ 含量仅为 15mg/L，且不含 SO_4^{2-}。又因为在研究水质硬度对浮选的影响时，用石膏（$CaSO_4 \cdot 2H_2O$）作为水质调整剂，需要进一步确定是 Ca^{2+} 还是 SO_4^{2-} 对浮选造成的影响。所以，本节将研究 SO_4^{2-} 对煤泥浮选的影响。

分别用循环水和自来水作为浮选用水，用硫酸钾（K_2SO_4）作为水质调整剂，之所以选择硫酸钾，是考虑到一价的 K^+ 对浮选的影响不大或者几乎没有影响，试验通过改变硫酸钾的添加量来调整水质，研究 SO_4^{2-} 对浮选的影响。试验方法和条件同上。

循环水中初始 SO_4^{2-} 含量为 710mg/L（即 7.4mmol/L），自来水中初始 SO_4^{2-} 含量为零，在此基础上添加 K_2SO_4 调整水质。由图 5-5 和图 5-6 可知，随着 K_2SO_4 添加量的增加，精煤的灰分几乎不发生变化，SO_4^{2-} 含量大小对浮选精煤灰分没有影响。

但是，随着 K_2SO_4 添加量的增加，精煤产率略微增加。且在同一药剂制度下，循环水作为试验用水时，精煤产率为 55% 左右；自来水作为试验用水时，精煤产率为 45% 左右。再次验证了浮选试验用水的电导率是影响精煤产率的重要因素。

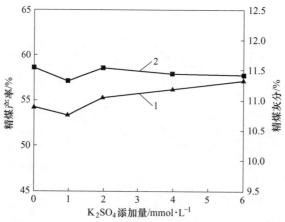

图 5-5　SO_4^{2-} 对浮选的影响（循环水作为浮选用水）

1—精煤产率；2—精煤灰分

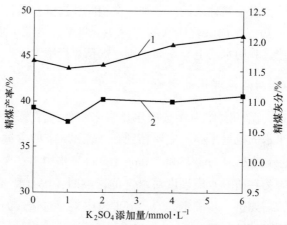

图 5-6　SO_4^{2-} 对浮选的影响（自来水作为浮选用水）

1—精煤产率；2—精煤灰分

5.2　工业浮选试验

　　通过实验室浮选试验，发现高水质硬度对煤泥浮选有不利的影响。为了进一步验证该结论，设计了工业规模的浮选试验，研究工业生产中水质硬度对煤泥浮选的影响。

　　工业试验地点选在某选煤厂进行，为调整循环煤泥水体系的水质硬度，在选煤厂循环水池一次性添加石膏 2.5t，随着煤泥水的循环，循环煤泥水体系的水质硬度发生非均匀性的变化。添加完石膏半小时后，开始采集样品，每 3min 测定一次浮选矿浆的水质硬度，并采集浮选精煤泡沫化验其灰分。由于现场无法准确计算出精煤产率，所以只对精煤灰分与浮选矿浆的水质硬度关系进行研究。

当在循环水池中一次性大量添加石膏后，由于石膏在循环水体中不能马上充分地溶解和分散，循环水体中钙离子浓度局部骤增，所以存在某一水体单元的水质硬度较高，而且各个水体单元的水质硬度不同。浮选阶段的水质硬度出现抛物线型的变化趋势，工业浮选试验如图5-7所示，开始采集样品时，矿浆的水质硬度为3.1mmol/L；30min后，水质硬度达到最大值为7.4mmol/L；随后水质硬度逐渐下降，又经过50min后，水质硬度逐步稳定在4.3mmol/L，该值高于水质硬度的初始值。

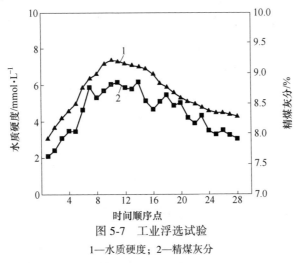

图5-7 工业浮选试验
1—水质硬度；2—精煤灰分

从图5-7可知，随着水质硬度先升后降的变化，浮选精煤的灰分也出现同样的变化趋势。浮选矿浆初始硬度为3.1mmol/L时，精煤灰分为7.63%。当水质硬度增加时，精煤灰分也增加，水质硬度上升到6.4mmol/L时，精煤灰分为8.75%；当水质硬度在6.4~7.4mmol/L之间时，精煤灰分稳定于8.75%；当水质硬度降低时，精煤的灰分也随着降低。由于最终的矿浆水质硬度高于初始的水质硬度，最终的精煤灰分为7.91%，也高于初始的精煤灰分。精煤灰分随着矿浆水质硬度发生灵敏变化的规律充分表明了精煤灰分与水质硬度的密切关系，即在一定水质硬度范围内，水质硬度越高，精煤灰分越高。为了充分验证该实验结论的准确性，重复该工业试验5次，得到了几乎相同的试验结果。

经过工业规模的浮选试验的验证，工业试验与实验室试验得出了同样的规律，为该研究结论提供了充分的依据。

5.3 人工混合矿浮选试验

5.3.1 物料性质和试验方法

现场采集某选煤厂的浮选精煤，为了确定是哪些脉石矿物混入了精煤产品，通过 X 射线衍射分析，如图 5-8 所示，在精煤产品中的脉石矿物主要为高岭石。因此，本节设计了人工混合矿的浮选试验，研究各种脉石矿物对煤泥浮选的影响。

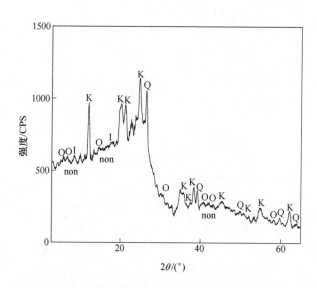

图 5-8　浮选精煤的 X 射线衍射图谱

non—非晶物质（多）；K—高岭石；Q—石英（少）；I—伊利石（少）；O—其他（少）

黏土矿物是煤中的主要脉石矿物，也是影响煤泥分选效果的关键所在。试验采用煤、高岭石和蒙脱石三种纯矿物，煤的灰分只有 3.57%（纯度为 96.43%），几乎为纯煤。三种矿物的 SEM 照片如图 5-9 所示，煤的表面比较干净，高岭石和蒙脱石都呈聚团状存在，并可以清楚地看到蒙脱石的片状颗粒。对三种纯矿物做激光粒度分析，其占各个粒级的体积含量分布和累积分布如图 5-10 和图 5-11 所示。三种纯矿物的颗粒粒度都在 0.02~70μm 之间，煤、高岭石和蒙脱石的 d_{50} 分别为 3.24μm、2.72μm 和 0.39μm，且小于 1μm 的含量分别为 44.53%、34.91% 和 60.14%。

人工混合矿浮选试验在 XFGC 型挂槽式浮选机上进行，浮选机转速为 2000r/min，每次取 2g 矿样（2g 单矿物或混合矿），加 30mL 蒸馏水，加 CaCl₂ 调整水质硬度，搅拌调浆 5min 后，然后依次加入煤油和 2 号油，浮选 2min。泡沫产品和槽内产品经过滤烘干，分别称重及化验灰分。试验流程如图 5-12 所示。

5.3.2　单矿物浮选试验

首先，用煤、高岭石和蒙脱石分别做单矿物浮选试验。每次取 2g 单矿物做浮选试验，试验流程如图 5-12 所示。

图 5-9　三种纯矿物的 SEM 照片

（a）煤；（b）高岭石；（c）蒙脱石

当用高岭石和蒙脱石做单矿物浮选试验时，加完浮选药剂后，几乎没有泡沫产生，也没有泡沫产品，浮选精矿产率为零。所以，水质硬度对高岭石和蒙脱石单矿物的浮选没有影响。

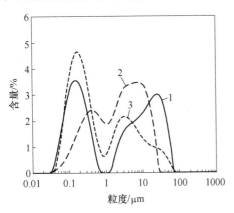

图 5-10　三种纯矿物的粒度分布

1—煤；2—高岭石；3—蒙脱石

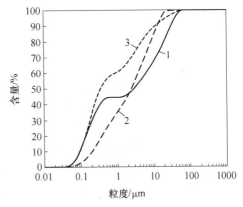

图 5-11　三种纯矿物的累积粒度分布

1—煤；2—高岭石；3—蒙脱石

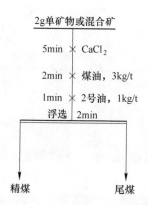

图 5-12　人工混合矿浮选试验流程

用煤做单矿物浮选试验，试验结果如图 5-13 所示。当不添加 Ca^{2+} 时，精煤的灰分为 3.22%；当添加 Ca^{2+} 来增加浮选矿浆的水质硬度时，精煤的灰分随之略有增加，精煤灰分达到 3.4% 左右，煤的回收率一直保持在 97% 左右。可见，当煤中含有极少量脉石矿物时，水质硬度对煤的浮选几乎没有影响，而水质硬度对煤的回收率也没有影响。

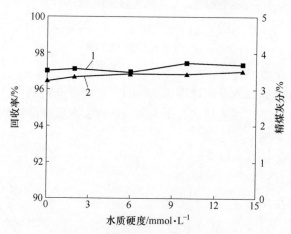

图 5-13　水质硬度对煤浮选的影响
1—回收率；2—精煤灰分

5.3.3　人工混合矿浮选试验

用煤和高岭石、煤和蒙脱石做人工混合矿的浮选试验，研究在不同水质硬度下，这两种黏土矿物对煤浮选的影响。每次取 1g 煤和 1g 黏土矿物作为混合矿，浮选试验流程如图 5-12 所示。

煤和高岭石混合矿的浮选试验结果如图 5-14 所示。原煤的灰分为 3.57%，当其与高岭石按 1∶1 混合后浮选，精煤的灰分为 6.86%；添加 Ca^{2+} 来增加浮选矿浆的水质硬度，当水质硬度从零增加到 6mmol/L 时，精煤灰分大幅度地增加到 9.11%；当继续增大矿浆的水质硬度时，精煤灰分不再发生明显变化。精煤的回收率在 94% 左右波动，没有明显的变化趋势，可能是浮选试验的操作误差所致。

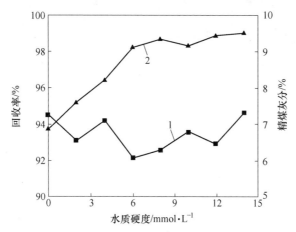

图 5-14　水质硬度对煤-高岭石混合矿浮选的影响
1—回收率；2—精煤灰分

综上所述，当浮选矿浆中不存在 Ca^{2+}（水质硬度为零）时，高岭石对煤的浮选有不利的影响，精煤灰分从煤的单矿物浮选的 3.22% 上升到混合矿浮选的 6.86%；当 Ca^{2+} 存在的情况下，高岭石对煤浮选的不利影响更大，更多的高岭石进入精煤产品，精煤灰分达到 9.11%。

煤和蒙脱石混合矿的浮选试验结果如图 5-15 所示。该试验结果与煤和高岭石混合矿的浮选试验结果相似。原煤的灰分为 3.57%，当其与蒙脱石混合后浮选，精煤的灰分为 6.41%；当水质硬度从零增加到 8mmol/L 时，精煤灰分大幅度地增加到 8.76%；当继续增大矿浆的水质硬度时，精煤灰分不再发生明显变化。精煤的回收率在 96% 左右波动，没有明显的变化趋势。

上述试验结果表明，当浮选矿浆中不存在 Ca^{2+}（水质硬度为零）时，蒙脱石对煤的浮选有不利的影响，精煤灰分从纯煤浮选的 3.22% 上升到混合矿浮选的 6.41%；当 Ca^{2+} 存在的情况下，该影响进一步扩大，更多的蒙脱石进入精煤产品，精煤灰分达到 8.76%；当水质硬度高于 8mmol/L 时，精煤灰分随着水质硬度的增加而趋于稳定。

5.3.4　SEM 和 EDS 分析

通过浮选试验可知，高岭石和蒙脱石对煤的浮选有不利影响，使得浮选精煤灰分升高。本节通过扫描电子显微镜（SEM）和 X 射线光电子能谱（EDS）对浮

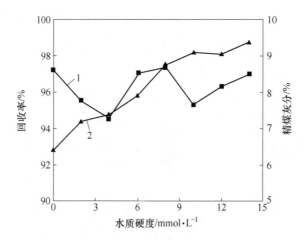

图 5-15　水质硬度对煤-蒙脱石混合矿浮选的影响
1—回收率；2—精煤灰分

选精煤产品进行分析，找到黏土矿物影响煤浮选的原因。

　　对比分析煤和高岭石纯矿物以及其混合矿浮选精煤产品的 SEM 照片，如图 5-16所示。当煤和高岭石按 1∶1 混合后浮选，浮选精煤产品的大颗粒表面覆盖着一些微细颗粒。通过 EDS 元素分析，如图 5-17 所示，分别选取表面干净的大

图 5-16　煤、高岭石及其混合矿浮选精煤的 SEM 照片
（a）煤；（b）高岭石；（c）混合矿

(a)

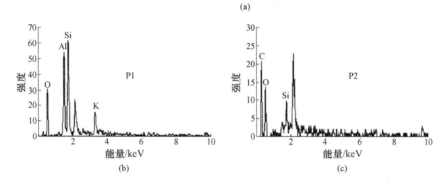

(b)　　　　　　　　　　　　　　　(c)

图 5-17　在水质硬度为 6mmol/L 下煤-高岭石混合矿浮选精煤的
SEM 照片及 EDS 元素分析

（a）混合矿浮选精煤 SEM 照片；（b）小颗粒 EDS 元素分析；（c）大颗粒 EDS 元素分析

颗粒（点 P2）和覆盖在大颗粒上的微细颗粒（点 P1）做 EDS 元素分析。结果表明，点 P1 的主要元素组成为 O、Al、Si 和少量的 K，忽略在 2.2keV 的 Au 元素的峰（由于样品喷金造成），由此判定该点的微细颗粒为高岭石；点 P2 的主要元素为 C、O 和少量的 Si，可判定该点的大颗粒为煤。因此，由于大量的高岭石微细颗粒罩盖在煤的表面，随煤颗粒一起上浮进入精煤产品而使得精煤的灰分升高。

　　煤、蒙脱石及其混合矿浮选精煤的 SEM 照片如图 5-18 所示，对比分析煤和蒙脱石纯矿物及其混合矿浮选精煤产品的 SEM 照片。当煤和蒙脱石按 1∶1 混合后浮选，浮选精煤产品的大颗粒表面覆盖着一些片状微细颗粒。通过 EDS 元素分析，如图 5-19 所示，分别选取表面干净的大颗粒（点 P2）和覆盖在大颗粒上的微细颗粒（点 P1）做 EDS 元素分析。结果表明，点 P1 的主要元素组成为 O、Al 和 Si，由此判定该点的片状微细颗粒为蒙脱石；点 P2 的主要元素为 C、O 和 Si，可判定该点的大颗粒为煤。因此，由于大量的蒙脱石微细颗粒罩盖在煤的表面，随煤颗粒一起上浮进入精煤产品而使得精煤的灰分升高。

图 5-18　煤、蒙脱石及其混合矿浮选精煤的 SEM 照片

（a）煤；（b）蒙脱石；（c）混合矿

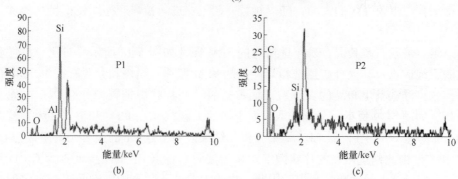

图 5-19　在水质硬度为 8mmol/L 下煤-蒙脱石混合矿浮选精煤的 SEM 照片及 EDS 元素分析

（a）混合矿浮选精煤 SEM 照片；（b）小颗粒 EDS 元素分析；（c）大颗粒 EDS 元素分析

综上所述，通过 SEM 照片和 EDS 元素分析，由于高岭石和蒙脱石微细颗粒黏附在煤颗粒表面，随煤颗粒一起上浮进入精煤产品而使得精煤灰分升高，该罩盖现象在高水质硬度下，其影响更加显著。由于只有少量的黏土颗粒在煤颗粒表面罩盖，没有根本上改变煤泥颗粒的可浮性，所以，对浮选精煤的产率和回收率影响较小。

5.4 其他离子对浮选的影响

以上研究了 Ca^{2+} 对煤泥浮选的影响，需要进一步验证其他离子的影响。本节通过添加各种无机盐调整水质，研究各离子含量对浮选的影响。试验用样为干煤泥或现场采集的矿浆。

5.4.1 Na^+ 对浮选的影响

由于矿物溶解及矿浆溶液中的 Ca^{2+} 与黏土矿物中的 Na^+ 发生离子交换，使矿浆溶液中的 Na^+ 含量较高。该试验通过添加无机盐 NaCl 调整水质，试验结果见表 5-3。

表 5-3　Na^+ 对浮选的影响试验

编　号	NaCl 用量 /mmol·L^{-1}	精煤产率 /%	精煤灰分 /%	尾煤产率 /%	尾煤灰分 /%
1	0	70.13	12.84	29.87	51.94
2	1	69.93	12.82	30.07	51.79
3	2	69.01	12.63	30.99	50.98
4	3	70.46	12.71	29.54	52.30

以上试验数据表明：在同一药剂制度下，添加不同量的 NaCl，可认为在允许的试验操作误差下，浮选试验结果没有变化。Na^+ 对浮选不产生影响，Cl^- 对浮选也不产生影响。

5.4.2 K^+ 对浮选的影响

在矿浆溶液中，除了 Na^+ 含量较高以外，K^+ 的含量也相对较高。该试验通过添加无机盐 KCl 调整水质，实验结果见表 5-4。

表 5-4　K^+ 对浮选的影响试验

编　号	KCl 用量 /mmol·L^{-1}	精煤产率 /%	精煤灰分 /%	尾煤产率 /%	尾煤灰分 /%
1	0	62.45	12.20	37.55	43.58

续表5-4

编　号	KCl 用量 /mmol·L⁻¹	精煤产率 /%	精煤灰分 /%	尾煤产率 /%	尾煤灰分 /%
2	1	62.26	12.03	37.74	43.39
3	2	61.65	11.98	38.35	43.38
4	3	62.91	12.21	37.09	43.56

　　试验数据表明：在同一药剂制度下，添加不同量的 KCl，可认为在允许的试验操作误差范围内，浮选试验结果没有变化。K^+ 对浮选不产生影响，进一步证实了 Cl^- 对浮选不产生影响。

5.4.3　Mg^{2+} 对浮选的影响

　　已研究了 Ca^{2+} 对煤泥浮选的影响，由于 Mg^{2+} 与 Ca^{2+} 具有很相似的性质，可预测到 Mg^{2+} 也应该对浮选产生同样的影响。通过人为添加无机盐 $MgCl_2$ 调整水质，验证 Mg^{2+} 是否会同 Ca^{2+} 一样，对浮选产生相同的影响。试验结果见表5-5。

表 5-5　Mg^{2+} 对浮选的影响试验

编号	$MgCl_2$用量 /mmol·L⁻¹	精煤产率 /%	精煤灰分 /%	尾煤产率 /%	尾煤灰分 /%
1	0	69.92	9.02	30.08	36.92
2	2	72.02	9.67	27.98	42.46
3	4	70.35	9.58	29.65	39.39
4	6	74.78	9.86	25.22	44.50
5	8	73.20	9.70	26.80	43.14

　　该试验用样为现场采集的浮选入料矿浆，采样期间，原煤性质较好，灰分较低。该矿浆的基础水质硬度为 1.7mmol/L。试验数据表明，Mg^{2+} 与 Ca^{2+} 一样，对浮选指标产生不利影响，Mg^{2+} 浓度增加，浮选精煤的灰分增加，但 Mg^{2+} 的影响相对 Ca^{2+} 要弱。

5.4.4　Al^{3+} 对浮选的影响

　　由于选煤厂也常用聚铝盐作为凝聚剂来处理煤泥水，矿浆溶液中就会有少量的 Al^{3+} 存在。该试验通过添加无机盐 $AlCl_3$ 调整水质，试验结果见表5-6。

表 5-6 Al³⁺对浮选的影响试验

编号	加 AlCl₃量 /mmol·L⁻¹	精煤产率 /%	精煤灰分 /%	尾煤产率 /%	尾煤灰分 /%
1	0.0	68.78	11.46	31.22	52.97
2	0.5	69.97	11.71	30.03	53.91
3	1.0	74.03	12.15	25.97	59.44
4	1.5	73.42	12.24	26.58	58.24

试验数据表明，当 AlCl₃添加量为 0.5mmol/L 时，浮选精煤灰分略有增加；当添加量为 1mmol/L 时，浮选精煤灰分升高 0.7%；当添加量为 1.5mmol/L 时，浮选指标不再发生显著变化。

综上所述，通过添加各种无机盐调整水质，研究各离子含量对浮选的影响。试验结果表明：一价金属阳离子不会对煤泥的浮选产生影响，而二价、三价的金属阳离子会使浮选的精煤灰分升高。

6 水质对颗粒间作用行为的影响

<<<<<<<<<<<<<<<<<<<<<<<<<<<<<<<<<<<<<<<<<<<<<<<<<<<<<<<<<<<<<<<<

水质对煤泥水澄清和煤泥浮选都有影响，本章将通过 Zeta 电位分布、显微镜观察、激光粒度分析、原子力显微镜、诱导时间等分析检测手段，从微观上研究水质对循环煤泥水体系中矿物颗粒间作用行为的影响。

6.1 水质对颗粒 Zeta 电位分布的影响

根据单矿物和混合矿物 Zeta 电位分布的变化来判断两种矿物颗粒的赋存状态，该分析方法已经较成熟地用于研究颗粒间的作用行为。

6.1.1 试验物料和试验方法

试验所用物料为煤、高岭石、蒙脱石、伊利石和石英五种纯矿物。试验用分析纯级别的 $CaCl_2$ 和 NaCl 作为水质调整剂。Ca^{2+} 和 Na^+ 的浓度对五种纯矿物的 Zeta 电位的影响如图 3-5 和图 3-6 所示。试验用水是电导率为 $18\mu S/cm$ 的去离子水。

使用五种纯矿物分别配置浓度为 0.2g/L 的悬浮液 1L，按 1∶1 的比例取煤和其他四种纯矿物的悬浮液混合在一起，分别测单矿物和混合矿物在不同盐溶液中的 Zeta 电位分布。溶液的 pH 值为 6.5。

从 Zeta 电位分布反映颗粒间赋存状态的分析原理如图 6-1 所示。当分别测试单矿物的 Zeta 电位分布时，两种矿物有各自的电位分布和峰值所在位置，如图 6-1（a）所示。当两种矿物混合时，矿物颗粒的赋存状态有以下三种情况。当两种矿物不发生凝聚时，其 Zeta 电位分布如图 6-1（b）所示；当矿物 B 完全罩盖住矿物 A 表面时，其 Zeta 电位分布只表现出矿物 B 的表面性质，如图 6-1（c）所示；当矿物 A 与矿物 B 发生凝聚时，两种矿物表面性质得到中和，其 Zeta 电位分布表现如图 6-1（d）所示。

6.1.2 煤和高岭石混合矿物 Zeta 电位分布

在不同 Ca^{2+} 或 Na^+ 浓度下，先测定煤和高岭石单矿物的 Zeta 电位分布，然后测定其 1∶1 混合矿物的 Zeta 电位分布。

在不同 Ca^{2+} 浓度下，煤和高岭石单矿物及其 1∶1 混合矿物的 Zeta 电位分布如图 6-2 所示。当 Ca^{2+} 浓度为 0.1mmol/L 时，煤、高岭石及其混合矿物的 Zeta 电

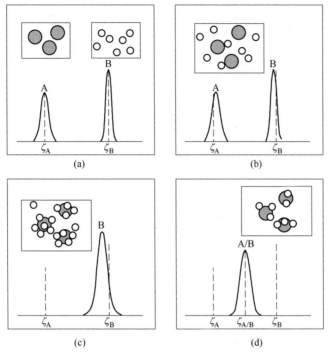

图 6-1 颗粒间作用行为的 Zeta 电位分布原理

(a) 单独;(b)～(d) 混合

位分布都是单峰,且分布范围都比较宽,其混合矿物的 Zeta 电位分布只是煤和高岭石单矿物的 Zeta 电位分布的简单叠加,表明煤和高岭石单矿物及其混合矿物都没有发生凝聚;当增加 Ca^{2+} 浓度至 1mmol/L 时,煤和高岭石单矿物的 Zeta 电位分布是单峰,单矿物 Zeta 电位的分布范围变窄,表明煤和高岭石单矿物自身发生轻微的同类凝聚,煤和高岭石混合矿物的 Zeta 电位分布是双峰,混合矿物 Zeta 电位分布还是两种单矿物 Zeta 电位分布的简单叠加,表明混合矿物没有发生明显的异类凝聚;当增加 Ca^{2+} 浓度至 5mmol/L 时,煤、高岭石及其混合矿物的 Zeta 电位分布都是单峰,且分布范围都比较窄,混合矿物的 Zeta 电位分布不再是两种单矿物 Zeta 电位分布的叠加,混合矿物 Zeta 电位分布的峰值位置在煤和高岭石单矿物 Zeta 电位分布的峰值位置之间,表明煤和高岭石混合矿物发生异类凝聚,且煤和高岭石单矿物也发生同类凝聚。

在不同 Na^+ 浓度下,煤和高岭石单矿物及其 1:1 混合矿物的 Zeta 电位分布如图 6-3 所示。当 Na^+ 浓度为 1mmol/L 时,煤和高岭石单矿物的 Zeta 电位分布是单峰,单矿物 Zeta 电位的分布范围较宽,表明煤和高岭石单矿物自身没有发生同类凝聚,煤和高岭石混合矿物的 Zeta 电位分布是双峰,混合矿物 Zeta 电位分布只是两种单矿物 Zeta 电位分布的简单叠加,表明混合矿物也没有发生异类凝聚;

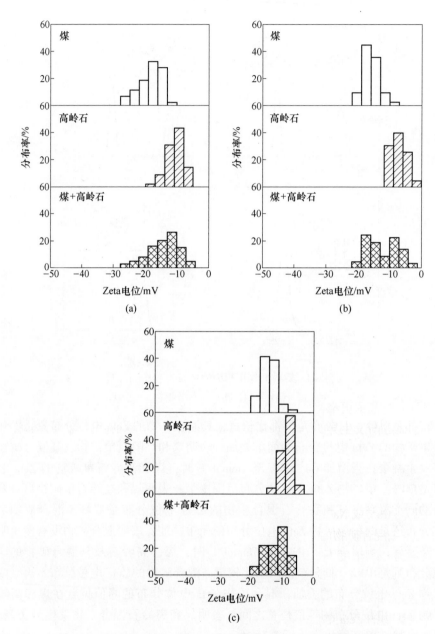

图 6-2　Ca^{2+}浓度对煤、高岭石及其混合物的 Zeta 电位分布的影响

（a）0.1mmol/L；（b）1mmol/L；（c）5mmol/L

当 Na$^+$浓度为 5mmol/L 时，煤、高岭石及其混合矿物的 Zeta 电位分布都是单峰，混合矿物的 Zeta 电位分布范围稍微变窄，表明煤和高岭石的混合矿物发生轻微的异类凝聚。

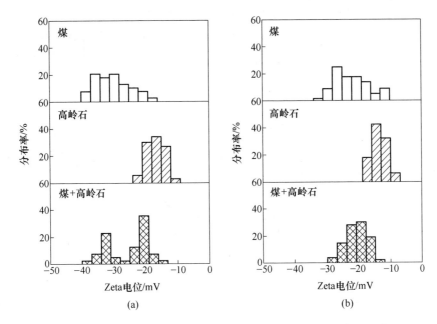

图 6-3 Na$^+$浓度对煤、高岭石及其混合物的 Zeta 电位分布的影响

（a）1mmol/L；（b）5mmol/L

总之，当 Ca^{2+}存在时，矿物的 Zeta 电位分布范围比较窄，随着 Ca^{2+}浓度的增加，其分布范围更窄，表明单矿物发生同类凝聚，且煤和高岭石也随着 Ca^{2+}浓度的增加而逐渐发生异类凝聚；当只有 Na$^+$存在时，矿物的 Zeta 电位分布范围比较宽，表明 Na$^+$不能促使煤和高岭石发生明显的同类和异类凝聚。

6.1.3 煤和蒙脱石混合矿物 Zeta 电位分布

在不同 Ca^{2+}或 Na$^+$浓度下，先测定煤和蒙脱石单矿物的 Zeta 电位分布，然后测定其 1∶1 混合矿物的 Zeta 电位分布。

在不同 Ca^{2+}浓度下，煤和蒙脱石单矿物及其 1∶1 混合矿物的 Zeta 电位分布如图 6-4 所示。当 Ca^{2+}浓度为 0.1mmol/L 时，煤和蒙脱石单矿物的 Zeta 电位分布是单峰，煤和高岭石的混合矿物 Zeta 电位分布呈均匀分布，没有出现明显的峰位，混合矿物的 Zeta 电位分布只是煤和蒙脱石单矿物的 Zeta 电位分布的简单叠加，表明煤和蒙脱石单矿物及其混合矿物都没有发生凝聚；当增加 Ca^{2+}浓度至 1mmol/L 时，煤和蒙脱石单矿物的 Zeta 电位分布是单峰，单矿物 Zeta 电位的分布范围变窄，表明煤和蒙脱石单矿物自身发生轻微的同类凝聚，煤和蒙脱石混合矿物的 Zeta 电位分布是双峰，混合矿物 Zeta 电位分布还是两种单矿物 Zeta 电位分布的简单叠加，表明混合矿物没有发生明显的异类凝聚；当增加 Ca^{2+}浓度至 5mmol/L 时，煤、蒙脱石及其混合矿物的 Zeta 电位分布都是单峰，且分布范围都比较窄，混合矿物的 Zeta 电位分布不再是两种单矿物 Zeta 电位分布的叠加，混合矿物 Zeta 电位分布的峰值位置在煤和蒙脱石单矿物 Zeta 电位分布的峰值位置之间，表明煤和蒙脱石混合矿物发生异类凝聚，且煤和蒙脱石单矿物也发生同类凝聚。

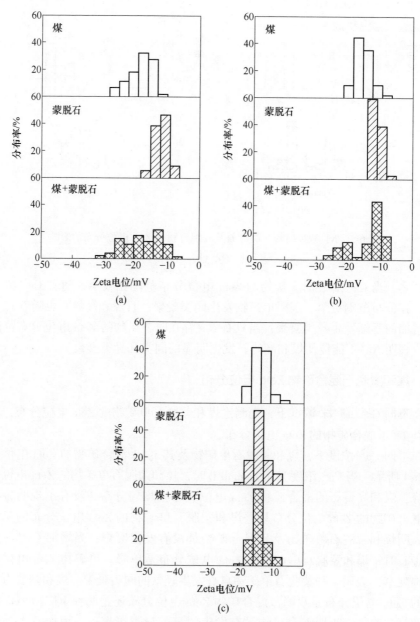

图 6-4　Ca^{2+} 浓度对煤、蒙脱石及其混合物的 Zeta 电位分布的影响

(a) 0.1mmol/L；(b) 1mmol/L；(c) 5mmol/L

在不同 Na⁺浓度下，煤和蒙脱石单矿物及其 1∶1 混合矿物的 Zeta 电位分布如图 6-5 所示。当 Na⁺浓度为 1mmol/L 和 5mmol/L 时，煤和蒙脱石单矿物的 Zeta 电位分布是单峰，单矿物 Zeta 电位的分布范围较宽，表明煤和蒙脱石单矿物自身没有发生同类凝聚，煤和蒙脱石混合矿物的 Zeta 电位分布是双峰，混合矿物 Zeta 电位分布只是两种单矿物 Zeta 电位分布的简单叠加，表明混合矿物也没有发生异类凝聚。

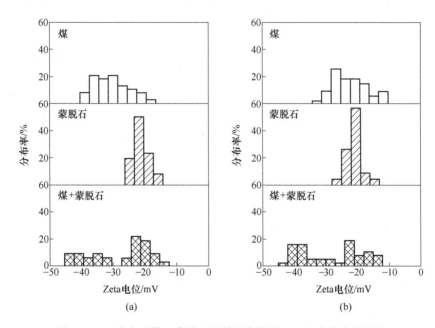

图 6-5　Na⁺浓度对煤、蒙脱石及其混合物的 Zeta 电位分布的影响

（a）1mmol/L；（b）5mmol/L

总之，当 Ca²⁺存在时，随着 Ca²⁺浓度的增加，矿物的 Zeta 电位分布范围变窄，表明单矿物发生同类凝聚，且煤和蒙脱石也随着 Ca²⁺浓度的增加而逐渐发生异类凝聚；当 Na⁺存在时，矿物的 Zeta 电位分布范围都比较宽，表明 Na⁺不能促使煤和蒙脱石发生同类和异类凝聚。

6.1.4　煤和伊利石混合矿物 Zeta 电位分布

在不同 Ca²⁺或 Na⁺浓度下，先测定煤和伊利石单矿物的 Zeta 电位分布，然后测定其 1∶1 混合矿物的 Zeta 电位分布。

在不同 Ca²⁺浓度下，煤和伊利石单矿物及其 1∶1 混合矿物的 Zeta 电位分布如图 6-6 所示。当 Ca²⁺浓度为 0.1mmol/L 时，煤、伊利石及其混合矿物的 Zeta 电位分布都是单峰，且分布范围都比较宽，其混合矿物的 Zeta 电位分布只是煤和

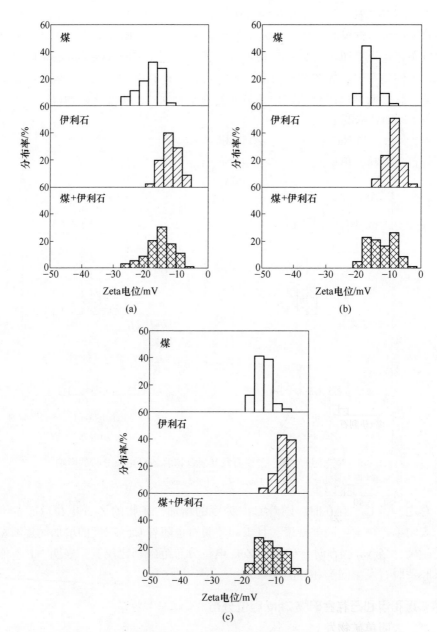

图 6-6　Ca²⁺浓度对煤、伊利石及其混合物的 Zeta 电位分布的影响

（a）0.1mmol/L；（b）1mmol/L；（c）5mmol/L

伊利石单矿物的 Zeta 电位分布的简单叠加，表明煤和伊利石单矿物及其混合矿物都没有发生凝聚；当增加 Ca²⁺浓度至 1mmol/L 时，煤和伊利石单矿物的 Zeta 电位分布是单峰，单矿物 Zeta 电位的分布范围变窄，表明煤和伊利石单矿物自身发

生轻微的同类凝聚，煤和伊利石混合矿物的 Zeta 电位分布是双峰，混合矿物 Zeta 电位分布还是两种单矿物 Zeta 电位分布的简单叠加，表明混合矿物没有发生明显的异类凝聚；当增加 Ca^{2+} 浓度至 5mmol/L 时，煤、伊利石及其混合矿物的 Zeta 电位分布都是单峰，混合矿物的 Zeta 电位分布仍然是两种单矿物 Zeta 电位分布的叠加，表明煤和伊利石混合矿物没有发生明显的异类凝聚。

在不同 Na^+ 浓度下，煤和伊利石单矿物及其 1：1 混合矿物的 Zeta 电位分布如图 6-7 所示。当 Na^+ 浓度为 1mmol/L 和 5mmol/L 时，煤和伊利石单矿物的 Zeta 电位分布是单峰，单矿物 Zeta 电位的分布范围较宽，表明煤和伊利石单矿物自身没有发生同类凝聚，煤和伊利石混合矿物的 Zeta 电位分布范围较宽，且没有出现明显的峰位，混合矿物 Zeta 电位分布只是两种单矿物 Zeta 电位分布的简单叠加，表明混合矿物也没有发生异类凝聚。

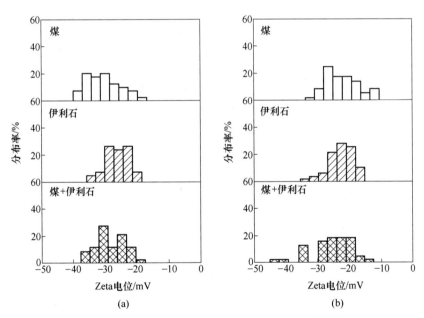

图 6-7 Na^+ 浓度对煤、伊利石及其混合物的 Zeta 电位分布的影响

(a) 1mmol/L；(b) 5mmol/L

总之，当 Ca^{2+} 存在时，随着 Ca^{2+} 浓度的增加，矿物的 Zeta 电位分布范围稍微变窄，表明单矿物发生轻微的同类凝聚，且煤和伊利石随着 Ca^{2+} 浓度的增加也没有发生明显的异类凝聚；当 Na^+ 存在时，矿物的 Zeta 电位分布范围都比较宽，表明 Na^+ 不能促使煤和伊利石发生同类和异类凝聚。

6.1.5 煤和石英混合矿物 Zeta 电位分布

在不同 Ca^{2+} 或 Na^+ 浓度下，先测定煤和石英单矿物的 Zeta 电位分布，然后测定其 1∶1 混合矿物的 Zeta 电位分布。

　　在不同 Ca^{2+} 浓度下，煤和石英单矿物及其 1∶1 混合矿物的 Zeta 电位分布如图 6-8 所示。当 Ca^{2+} 浓度为 0.1mmol/L 时，煤、石英及其混合矿物的 Zeta 电位

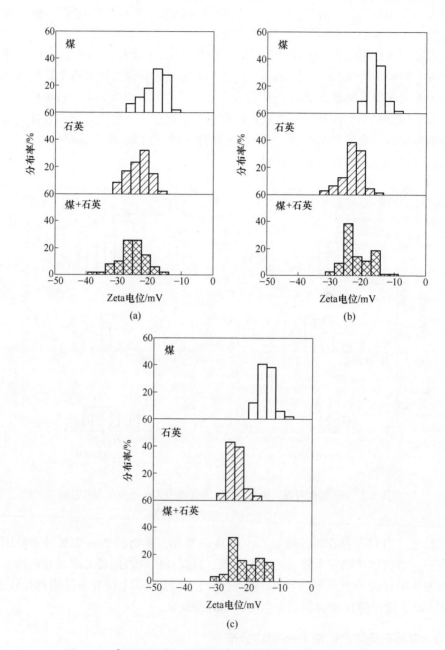

图 6-8　Ca^{2+} 浓度对煤、石英及其混合物的 Zeta 电位分布的影响

（a）0.1mmol/L；（b）1mmol/L；（c）5mmol/L

分布都是单峰，且分布范围都比较宽，其混合矿物的 Zeta 电位分布只是煤和石英单矿物的 Zeta 电位分布的简单叠加，表明煤和石英单矿物及其混合矿物都没有发生凝聚；当增加 Ca^{2+} 浓度至 1mmol/L 时，煤和石英单矿物的 Zeta 电位分布是单峰，单矿物 Zeta 电位的分布范围变窄，表明煤和石英单矿物自身发生轻微的同类凝聚，煤和石英混合矿物的 Zeta 电位分布是双峰，混合矿物 Zeta 电位分布还是两种单矿物 Zeta 电位分布的简单叠加，表明混合矿物没有发生明显的异类凝聚；当继续增加 Ca^{2+} 浓度至 5mmol/L 时，煤、石英及其混合矿物的 Zeta 电位分布都没有变化，表明煤和石英混合矿物仍然没有发生明显的异类凝聚。

　　在不同 Na^{+} 浓度下，煤和石英单矿物及其 1:1 混合矿物的 Zeta 电位分布如图 6-9 所示。当 Na^{+} 浓度为 1mmol/L 和 5mmol/L 时，煤和石英单矿物的 Zeta 电位分布是单峰，单矿物 Zeta 电位的分布范围较宽，表明煤和石英单矿物自身没有发生同类凝聚，煤和石英混合矿物的 Zeta 电位分布是明显的双峰，且分布范围比较宽，混合矿物 Zeta 电位分布只是两种单矿物 Zeta 电位分布的简单叠加，表明混合矿物也没有发生异类凝聚。

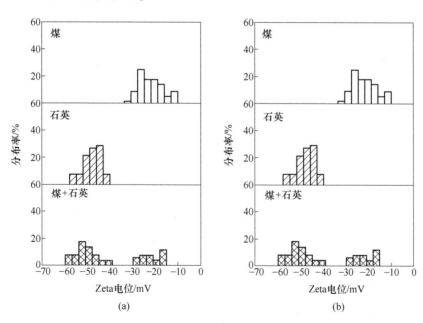

图 6-9　Na^{+} 浓度对煤、石英及其混合物的 Zeta 电位分布的影响

(a) 1mmol/L；(b) 5mmol/L

　　总之，当 Ca^{2+} 存在时，随着 Ca^{2+} 浓度的增加，矿物的 Zeta 电位分布范围稍微变窄，表明单矿物发生轻微的同类凝聚，且煤和石英随着 Ca^{2+} 浓度的增加也没有发生明显的异类凝聚；当 Na^{+} 存在时，矿物的 Zeta 电位分布范围都比较宽，煤和石英混合矿物的 Zeta 电位分布是明显的双峰，表明 Na^{+} 不能促使煤和石英发生

同类和异类凝聚。

综上所述，当 Ca^{2+} 浓度较高时，高岭石、蒙脱石、伊利石和煤易发生凝聚，石英和煤没有明显的凝聚现象；而 Na^+ 不能促使煤和其他矿物发生凝聚。该试验结果与沉降试验和煤泥浮选试验结果相吻合。

6.2　水质对颗粒赋存状态的影响

沉降法通常用来研究颗粒凝聚的效果，通过对沉降速度和上清液浊度的测量来间接反映颗粒的凝聚效果，但该方法不能直观地分析颗粒的分散凝聚状态。为了对颗粒在溶液中的赋存状态进行研究，本节使用显微镜下观察和激光粒度分析方法，对颗粒的凝聚效果进行评价和量化分析。

试验原料来某选煤厂浓缩机入料，经筛分，取 $-75\mu m$ 煤泥作为试验所用物料。试验用分析纯级别的 $CaCl_2$ 和 $NaCl$ 作为水质调整剂。试验用水是电导率为 $18\mu s/cm$ 的去离子水。

在显微镜下观察煤泥颗粒在不同浓度的 Ca^{2+} 溶液中的赋存状态，该试验在改造过的显微镜下完成，显微镜工作示意如图 6-10 所示。配制 0.1g/L 的煤泥悬浮液，超声分散 5min，然后加入所需量的 Ca^{2+}，用注射器把不同 Ca^{2+} 浓度的煤泥颗粒悬浮液吸入样品槽，该样品槽为两端开口的空心玻璃长方体，测试过程中应避免样品槽内有气泡，最后，通过显微镜 CCD 把显微图片传输到计算机上。

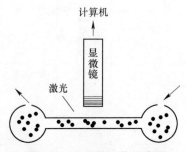

图 6-10　显微镜工作示意图

颗粒粒度分布试验是在激光粒度分析仪（Mastersizer 2000，Malvern）下完成，该仪器的粒度测量范围为 $0.01 \sim 10000\mu m$。首先，配制 10g/L 的煤泥悬浮液，超声分散 10min；在仪器自带的分散器中加入 100mL 去离子水，然后用滴管取煤泥悬浮液慢慢滴加到分散器中，直至达到该仪器所需的固体颗粒浓度范围内，调整转速（该转速同时控制分散器内搅拌速度和分散器与测试系统间的循环流动速度），加入所需量的 Ca^{2+} 或 Na^+，稳定 15min 后，开始测试粒度分布。

6.2.1 显微镜下观察颗粒在溶液中的赋存状态

煤泥颗粒在不同浓度的 Ca^{2+} 溶液中的赋存状态如图 6-11 所示。当没有 Ca^{2+} 存在或 Ca^{2+} 浓度为 1mmol/L 时（见图 6-11（a）和图 6-11（b）），显微镜照片上有许多小白斑点，表示煤泥颗粒呈分散状态悬浮在溶液中；当 Ca^{2+} 浓度为 5mmol/L 时（见图 6-11（c）），微细颗粒减少，出现一些以凝聚状态存在的颗粒絮团；当 Ca^{2+} 浓度为 10mmol/L 时（见图 6-11（d）），几乎不存在微细颗粒，大都是以凝聚状态存在的颗粒絮团，且最大颗粒絮团直径约为 200μm。

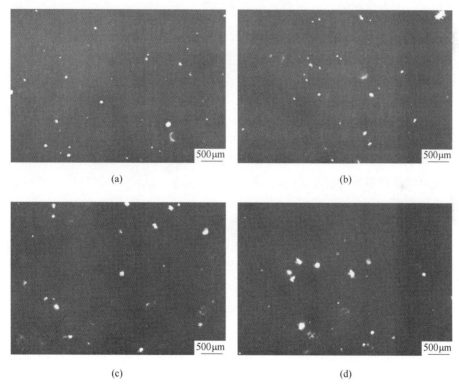

图 6-11　不同 Ca^{2+} 浓度下颗粒在溶液中的分散凝聚状态
（a）0mmol/L；（b）1mmol/L；（c）5mmol/L；（d）10mmol/L

由这些显微镜图片可知，Ca^{2+} 对微细煤泥颗粒在水中的赋存状态有决定性的影响，Ca^{2+} 浓度越高，颗粒越容易凝聚。在高浓度的 Ca^{2+} 溶液中，微细颗粒凝聚成大颗粒絮团。在 Ca^{2+} 浓度小于 5mmol/L 时，凝聚效果随着 Ca^{2+} 浓度的增加而显著增加；随后继续增加 Ca^{2+} 的浓度，该影响变化不大。该方法可以从视觉上较清晰地观察到 Ca^{2+} 对颗粒赋存状态的影响，但还不能实现对影响大小的具体量化。

6.2.2 水质对颗粒粒度分布的影响

本节提出一种可实现对颗粒凝聚效果量化评价的激光粒度分析法。试验所用激光粒度仪的计算原理是：把粒度范围 $0.01 \sim 10000\mu m$ 不均等地分成 N 个粒级（$N=100$），在第 i 个粒级的颗粒数目表示为 n_i，在第 i 个粒级的颗粒平均体积表示为 V_i，在第 i 个粒级的所有颗粒的体积表示为 n_iV_i，所有粒级的累积体积为 $\sum\limits_{i=1}^{N} n_iV_i$，从第 1 个到第 k 个粒级的累积体积为 $\sum\limits_{i=1}^{k} n_iV_i$，从第 1 个到第 k 个粒级的累积体积占总体积的百分比为 P_k。

$$P_k = \frac{\sum\limits_{i=1}^{k} n_iV_i}{\sum\limits_{i=1}^{N} n_iV_i} \times 100\% \qquad (6\text{-}1)$$

在不同转速和不同 Ca^{2+} 或 Na^+ 浓度下，分析煤泥颗粒在溶液中的粒度分布，研究其 d_{10}、d_{50} 和 d_{90} 的变化。d_{10}、d_{50} 和 d_{90} 是指样品的累计粒度分布的体积百分数达到 10%、50% 和 90% 时所对应的粒径（即 $P_k=10\%$、50% 和 90%）。d_{10} 越大，说明微细颗粒越少；d_{90} 越大，说明大颗粒越多；d_{50} 可以粗略地反映样品颗粒的平均粒度。

在不同转速下，煤泥颗粒在不同浓度的 Ca^{2+} 溶液中的粒度分布如图 6-12 所示。当不添加 Ca^{2+} 的时候，粒度分布集中在两个区域（即两个峰），第一个区域是在 $0.03 \sim 0.8\mu m$，为细颗粒分布峰；第二个区域在 $1 \sim 100\mu m$，为粗颗粒分布峰。在不同转速下，两个分布峰的大小不同，当转速为 500r/min 时的细颗粒分布峰最小，即微细颗粒含量相对较少。随着 Ca^{2+} 浓度的增加，细颗粒峰逐渐减小，甚至消失。在转速为 500r/min 下，如图 6-12（a）所示，当 Ca^{2+} 的浓度增加到 5mmol/L 及更高时，细颗粒峰消失，颗粒粒度在 $1\sim100\mu m$ 之间。在转速为 1000r/min

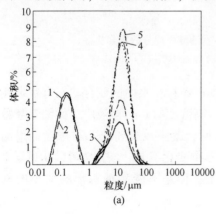
(a)

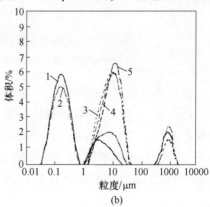
(b)

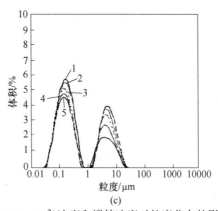

图 6-12 Ca²⁺浓度和搅拌速度对粒度分布的影响

（a）500r/min；（b）1000r/min；（c）3000r/min

1—0mmol/L；2—1mmol/L；3—5mmol/L；4—10mmol/L；5—20mmol/L

下，如图 6-12（b）所示，当 Ca^{2+} 浓度的增加到 5mmol/L 及更高时，细颗粒峰消失，并出现一个粒度范围在 1000μm 左右的大颗粒峰，由此可知，该转速为颗粒碰撞提供了足够的动能，同时也不会由于动能过大而把颗粒打散，此条件下的颗粒凝聚效果最好。在转速为 3000r/min 下，如图 6-12（c）所示，随着 Ca^{2+} 浓度的增加，细颗粒峰略有减小，粗颗粒峰逐渐增大，但两个峰都依然存在，可知，高转速的剪切阻止了颗粒的凝聚。

由图 6-13 可知，煤泥颗粒粒度分布的 d_{10}、d_{50} 和 d_{90} 都随着 Ca^{2+} 浓度的增加而增加。d_{10} 和 d_{50} 在不同转速下的变化趋势类似，转速越低，d_{10} 和 d_{50} 的值越大，微细颗粒越少，微细颗粒越容易凝聚。在转速为 1000r/min 时，d_{90} 随着 Ca^{2+} 浓度的增加而急速上升，并在 Ca^{2+} 浓度大于或等于 5mmol/L 时，d_{90} 的值达到 700μm以上，如图 6-12（b）所示，出现一个粒度范围在 1000μm 左右的大颗粒分布峰。由此可得，在低转速和高转速的条件下都难以形成大的颗粒絮团，而在中等转速（1000r/min）时，较有利于大颗粒絮团的形成。

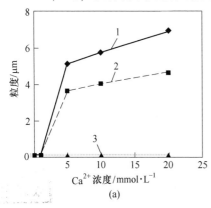

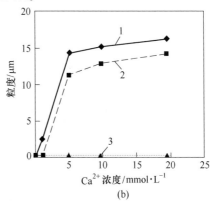

（a） （b）

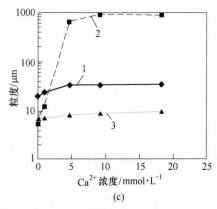

(c)

图 6-13　Ca^{2+} 浓度和搅拌速度对 d_{10}、d_{50} 和 d_{90} 的影响

(a) d_{10}；(b) d_{50}；(c) d_{90}

1—500r/min；2—1000r/min；3—3000r/min

煤泥颗粒在不同转速和不同浓度的 Na^+ 溶液中的粒度分布，如图 6-14 所示。

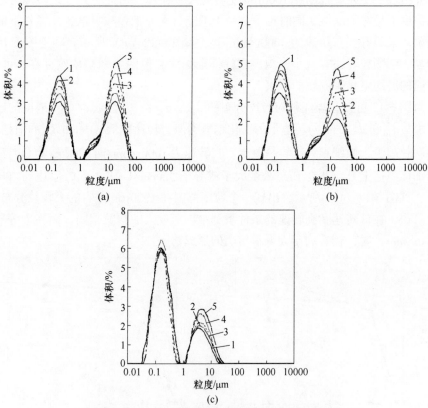

图 6-14　Na^+ 浓度和搅拌速度对粒度分布的影响

(a) 500r/min；(b) 1000r/min；(c) 3000r/min

1—0mmol/L；2—1mmol/L；3—5mmol/L；4—10mmol/L；5—20mmol/L

与 Ca^{2+} 溶液中的粒度分布相比较，Na^+ 对煤泥颗粒粒度分布的影响较小，粒度分布没有显著变化。在所有转速和所有 Na^+ 浓度范围下，粒度分布始终是以两个分布峰的形式存在。随着 Na^+ 浓度的增加，细颗粒峰有所减小，粗颗粒峰随之增大，即部分微细颗粒凝聚成粗颗粒，从细颗粒区转移到粗颗粒区，但变化不明显，尤其是在转速为 3000r/min 时，粒度分布几乎没有变化。当 Na^+ 浓度为 0mmol/L 时，在不同转速下细颗粒峰的峰值分别为 4.5%、5% 和 6%，其峰值大小随着转速的增大而增大，此现象表明：在低转速下，微细颗粒易凝聚成颗粒絮团；在高转速下，颗粒较易呈微细颗粒的分散状态存在。

如图 6-15 所示，煤泥颗粒粒度分布的 d_{10}、d_{50} 和 d_{90} 都随着 Na^+ 浓度的增加而出现略微的增加。d_{10}、d_{50} 和 d_{90} 都随着转速的增加而减小，即转速越高，微细颗粒越容易以分散状态存在。在三个转速下，d_{10} 的差别不大，且 Na^+ 浓度对其影响也不显著；在 500r/min 和 1000r/min 下，d_{50} 随着 Na^+ 浓度的增加而出现相对明显的增大，其在 3000r/min 的转速下变化较小；Na^+ 浓度对 d_{90} 的影响较小，但在 3000r/min 的转速下 d_{90} 的值明显小于在其他两个转速下的值。

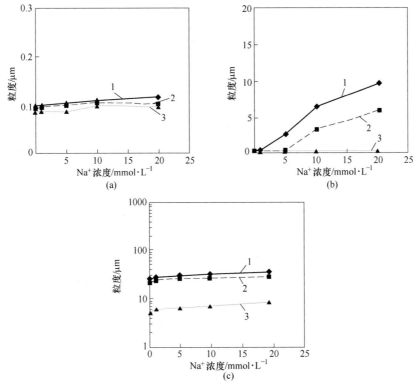

图 6-15 Na^+ 浓度和搅拌速度对 d_{10}、d_{50} 和 d_{90} 的影响

(a) d_{10}; (b) d_{50}; (c) d_{90}

1—500r/min; 2—1000r/min; 3—3000r/min

　　由试验数据可知，Ca^{2+}比Na^+对颗粒分散凝聚状态的影响要大，Ca^{2+}更容易使细颗粒凝聚，因为高价金属阳离子更大程度地减少煤泥颗粒表面的负电性，减少颗粒间的静电斥力，降低颗粒表面的水化膜厚度，压缩双电层，减弱了表面极化作用，提高了颗粒间碰撞凝聚效率，使煤和黏土的微细颗粒成凝聚状态存在。颗粒凝聚过程如图6-16所示。

　　在低转速下，微细颗粒较易凝聚，但只有在中等转速（1000r/min）下，才可以形成较大的颗粒絮团。因为在低转速下，以凝聚态存在的微细颗粒不易被其他颗粒碰撞打散，但也可能使得颗粒没有足够的动能去越过势垒，从而不能实现碰撞和凝聚；在高转速下，由于颗粒碰撞时的动能过大，超过了颗粒间的黏附能，使得颗粒碰撞后又脱离；在中等转速下，为颗粒碰撞提供了足够大小的动能，从而越过势垒，但又不会超过其黏附能，可以形成大颗粒絮团。颗粒间的总作用势能与距离的关系如图6-17所示，两个颗粒实现凝聚的条件是：颗粒本身有足够的动能（V_k）去越过颗粒间的作用势垒（V_{max}），且该动能要小于颗粒间的黏附能（V_c），即$V_{max} \leqslant V_k \leqslant V_c$。

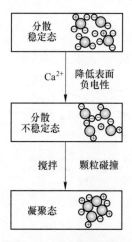

图6-16　颗粒凝聚原理

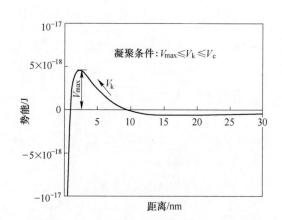

图6-17　颗粒间的总作用势能与距离的关系

　　在Ca^{2+}存在下，转速对煤泥颗粒凝聚效果的影响排序为：1000r/min > 500r/min > 3000r/min。在1000r/min和Ca^{2+}浓度大于5mmol/L时，d_{90}可达到700μm以上。因为在中等转速下，为颗粒碰撞提供了足够大小的动能，从而越过势垒，但又不会超过其黏附能，可以形成大颗粒絮团。

　　该激光粒度分析方法可以较好地评价分析颗粒的凝聚效果，可以从粒度分布曲线直观地看到颗粒在溶液中赋存状态的变化，并根据d_{10}、d_{50}和d_{90}的大小，实现对凝聚效果的量化分析。

　　通过显微镜下观察和激光粒度分析，更直观地证明了Ca^{2+}可以促使颗粒发生凝聚，所以，水质对煤泥水澄清和煤泥浮选的影响可以归结为水质对颗粒赋存状态的影响，Ca^{2+} 浓度高，颗粒易呈凝聚状态，有利于煤泥水澄清；Ca^{2+} 浓度低，颗粒呈分散状态，有利于煤泥浮选。

6.3 水质对颗粒间作用力的影响

第 3 章和第 4 章对颗粒间作用势能和作用力进行了理论计算。本节将使用原子力显微镜（AFM）对颗粒间作用力大小进行直接测量，研究水质对颗粒间作用力的影响。

使用煤、高岭石、蒙脱石和伊利石四种纯矿物作为研究对象。用分析纯级别的 $CaCl_2$ 和 NaCl 作为水质调整剂。试验用水是电导率为 $18\mu s/cm$ 的去离子水。

使用显微镜用薄片切片机把一煤块切出 2mm×2mm 的平面，并抛光，煤平面的平均粗糙度为 1.27nm，该平面用于 AFM 测力的基面，其 AFM 图像如图 6-18 所示。

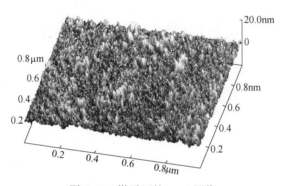

图 6-18　煤平面的 AFM 图像

使用宽度为 $100\mu m$ 镀金的氮化硅悬臂，悬臂的弹性系数为 0.58N/m。在显微镜下，用双成分胶把粒度为 $5\sim15\mu m$ 的非规则球形颗粒粘到悬臂的顶端，准备好的悬臂探针的 SEM 图像如图 6-19 所示。

三种非规则的球形黏土颗粒与煤基面之间的作用力的测定在仪器配带的液体槽里完成。首先，安装并固定悬臂探针于液体槽内，在液体槽里注入相应的溶液（不同浓度的 $CaCl_2$ 或 NaCl 溶液），把煤平面作为基面固定在测试平台上，然后，把液体槽置于煤平面上方并固定。在室温（23℃±1℃）下稳定 30min，在接触模式下，测定颗粒靠近过程中的作用力变化。所有测试在 pH 值为 6.5 的盐溶液中完成。

AFM 的工作原理如图 6-20 所示。激光器发出的激光束聚焦在悬臂顶端的背面，并反射到激光监测器上，当悬臂探针与其下面的被测物基面靠近的过程中，存在微小的引力或斥力，致使悬臂出现一定的弯曲，斥力使其向上翘，引力使其

(a)　　　　　　　　　　　　　　　　　　(b)

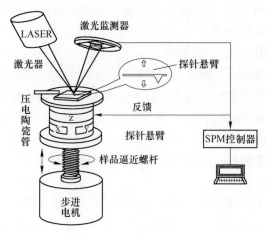

(c)

图 6-19　悬臂探针的 SEM 图像

（a）高岭石；（b）蒙脱石；（c）伊利石

图 6-20　AFM 工作原理

向下弯，反射光束随之发生偏移，根据偏移量和悬臂的弹性系数便可计算出被测物之间的作用力大小。不同作用力类型的受力曲线如图 6-21 所示，在 a 阶段，被测物之间距离较远，其作用力为零；接近过程若出现 b 阶段，表明作用力为斥力；接近过程若出现 c 阶段，表明作用力为引力；当继续接近，便出现 d 阶段，被测物已完全接触，由于悬臂与基面进一步挤压而被迫悬臂逐渐向上弯。使用自编的程序对数据进行转换，把反射光偏移量数据转换为相应的作用力数据。

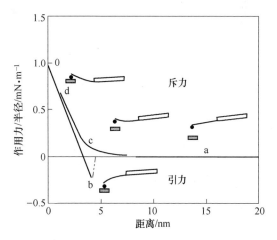

图 6-21　不同作用力类型的受力曲线

6.3.1　水质对煤和高岭石颗粒间作用力的影响

在不同 Ca^{2+} 或 Na^+ 浓度的盐溶液中，测定煤平面和高岭石探针之间的作用力曲线。

在不同 Ca^{2+} 浓度下，煤和高岭石之间的作用力曲线如图 6-22 所示。当 Ca^{2+} 浓度为 1mmol/L 时，煤和高岭石逐渐靠近，在煤和高岭石相距 8nm 处出现斥力，在继续接近的过程中，该斥力逐渐增大，在相距 5nm 时，斥力为 0.35mN/m，对于测试所用直径为 8μm 高岭石颗粒，其斥力为 2.8nN；当 Ca^{2+} 浓度为 3mmol/L 时，由于进一步压缩双电层，在煤和高岭石相距 5nm 处才出现斥力；当 Ca^{2+} 浓度为 5mmol/L 时，煤和高岭石之间不再存在斥力，并出现微弱的引力；当继续增加 Ca^{2+} 浓度至 10mmol/L 时，煤和高岭石之间作用力不再发生变化。该试验数据符合煤和高岭石人工混合矿浮选试验数据。

在不同 Na^+ 浓度下，煤和高岭石之间的作用力曲线如图 6-23 所示。当 Na^+ 浓度为 1mmol/L 时，在煤和高岭石相距 17nm 处便出现斥力，在继续接近的过程中，该斥力逐渐增大，在相距 5nm 时，斥力为 0.9mN/m，远远大于 Ca^{2+} 浓度为 1mmol/L 时的斥力；当 Na^+ 浓度为 3mmol/L 时，在煤和高岭石相距 15nm 处出现

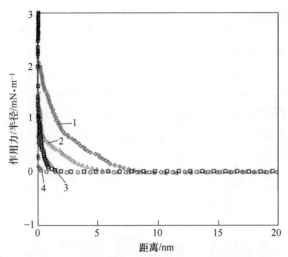

图 6-22　Ca²⁺浓度对煤和高岭石之间作用力的影响

1—1mmol/L；2—3mmol/L；3—5mmol/L；4—10mmol/L

斥力，表明 Na⁺对双电层厚度的影响较小；当 Na⁺浓度为 5mmol/L 和 10mmol/L 时，煤和高岭石之间的斥力有所减小，但仍然存在较大斥力。

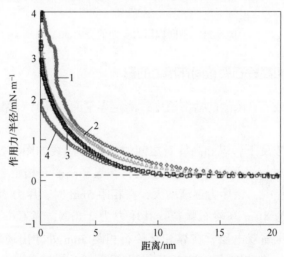

图 6-23　Na⁺浓度对煤和高岭石之间作用力的影响

1—1mmol/L；2—3mmol/L；3—5mmol/L；4—10mmol/L

　　总之，当 Ca²⁺存在时，随着 Ca²⁺浓度的增加，压缩双电层，减小煤和高岭石之间的静电斥力，其斥力范围逐渐缩小，并在 Ca²⁺浓度为 5mmol/L 时出现微弱的引力；当 Na⁺存在时，随着 Na⁺浓度的增加，由于 Na⁺对双电层的压缩程度较小，也不能很大程度地降低颗粒的表面电位，煤和高岭石之间作用力的斥力范围变化较小，且斥力也比较大。

6.3.2 pH 值对煤和高岭石颗粒间作用力的影响

用 NaOH 和 HCl 调节溶液的 pH 值，研究在不同 pH 值下，煤和高岭石在 5mmol/L $CaCl_2$ 溶液中作用力的变化。

在不同 pH 值的 5mmol/L $CaCl_2$ 溶液中，煤和高岭石之间的作用力曲线如图 6-24 所示。当 pH 值为 9.5 时，煤和高岭石在相距 7nm 处出现斥力，在继续接近的过程中，该斥力逐渐增大；当 pH 值为 6.5 时，煤和高岭石在相距 7nm 处出现微弱的引力，该引力的最大值为 0.03mN/m；当继续降低 pH 值至 3.5 时，煤和高岭石在相距 7nm 处出现更大的引力，该引力的最大值为 0.08mN/m。

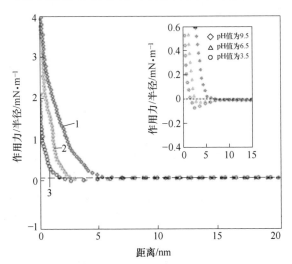

图 6-24 pH 值对煤和高岭石之间作用力的影响

1—pH 值为 9.5；2—pH 值为 6.5；3—pH 值为 3.5

试验数据表明，由于煤和高岭石表面带负电，pH 值越小，其表面电位越小，煤和高岭石之间的静电斥力越小，静电斥力与范德华引力叠加，使得在低 pH 值下，煤和高岭石之间的作用力表现出引力。所以，当 pH 值为 6.5 时，煤和高岭石之间出现微弱的引力；当 pH 值为 3.5 时，煤和高岭石表面的负电性更弱，煤和高岭石之间的引力增强。

6.3.3 水质对煤和蒙脱石颗粒间作用力的影响

在不同 Ca^{2+} 或 Na^+ 浓度的盐溶液中，测定煤和蒙脱石之间的作用力曲线。

在不同 Ca^{2+} 浓度下，煤和蒙脱石之间的作用力曲线如图 6-25 所示。煤和蒙脱石之间的斥力和斥力作用范围都比较大。当 Ca^{2+} 浓度为 1mmol/L 时，在煤和蒙脱石相距 14nm 处出现斥力，在继续接近的过程中，该斥力逐渐增大，在相距 5nm 时，斥力为 0.7mN/m，对于测试所用直径为 6μm 蒙脱石颗粒，其斥力为

4.2nN；当 Ca^{2+} 浓度为 3mmol/L 时，在煤和蒙脱石相距 12nm 处出现斥力；当 Ca^{2+} 浓度为 5mmol/L 时，在煤和蒙脱石相距 9nm 处出现斥力，斥力范围进一步缩小，且斥力有所减小，在相距 5nm 时，斥力为 0.3mN/m；当继续增加 Ca^{2+} 浓度至 10mmol/L 时，煤和蒙脱石之间作用力不再发生明显变化。

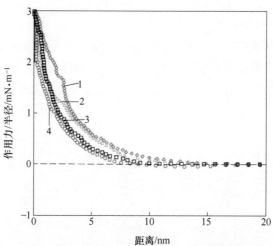

图 6-25　Ca^{2+} 浓度对煤和蒙脱石之间作用力的影响

1—1mmol/L；2—3mmol/L；3—5mmol/L；4—10mmol/L

在不同 Na^+ 浓度下，煤和蒙脱石之间的作用力曲线如图 6-26 所示。当 Na^+ 浓度为 1mmol/L 时，在煤和蒙脱石相距 17nm 处便出现斥力，在继续接近的过程中，该斥力逐渐增大，在相距 5nm 时，斥力为 1.1mN/m，大于 Ca^{2+} 浓度为 1mmol/L 时的斥力；当 Na^+ 浓度为 3mmol/L、5mmol/L 和 10mmol/L 时，都在煤

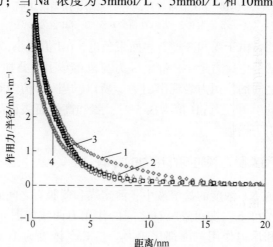

图 6-26　Na^+ 浓度对煤和蒙脱石之间作用力的影响

1—1mmol/L；2—3mmol/L；3—5mmol/L；4—10mmol/L

和蒙脱石相距 15nm 处出现斥力，表明 Na^+ 对双电层厚度的影响较小，煤和蒙脱石之间的斥力有所减小，但仍然存在较大斥力，在相距 5nm 时，斥力都约为0.6mN/m。

总之，当 Ca^{2+} 存在时，随着 Ca^{2+} 浓度的增加，压缩双电层，减小煤和蒙脱石之间的静电斥力，其斥力范围逐渐缩小，但在 Ca^{2+} 浓度为 10mmol/L 时，仍存在斥力；当 Na^+ 存在时，随着 Na^+ 浓度的增加，由于 Na^+ 对双电层的压缩程度较小，也不能很大程度地降低颗粒的表面电位，煤和蒙脱石之间作用力的斥力范围变化较小，且斥力也比较大。所以，煤和蒙脱石较难发生凝聚。

6.3.4 水质对煤和伊利石颗粒间作用力的影响

在不同 Ca^{2+} 或 Na^+ 浓度的盐溶液中，测定煤和伊利石之间的作用力曲线。

在不同 Ca^{2+} 浓度下，煤和伊利石之间的作用力曲线如图 6-27 所示。当 Ca^{2+} 浓度为 1mmol/L 时，在煤和伊利石相距 18nm 处出现斥力，在继续接近的过程中，该斥力逐渐增大，在相距 5nm 时，斥力为 0.9mN/m，对于测试所用直径为 12μm 伊利石颗粒，其斥力为 10.8 nN；当 Ca^{2+} 浓度为 3mmol/L 时，在煤和伊利石相距 13nm 处出现斥力；当 Ca^{2+} 浓度为 5mmol/L 时，在煤和伊利石相距 6nm 处才出现斥力，斥力范围大幅度缩小，且斥力也大幅度减小，在相距 5nm 时，斥力为 0.1mN/m；当继续增加 Ca^{2+} 浓度至 10mmol/L 时，煤和伊利石之间作用力不再发生明显变化。

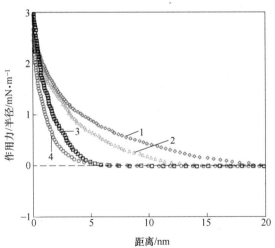

图 6-27 Ca^{2+} 浓度对煤和伊利石之间作用力的影响

1—1mmol/L；2—3mmol/L；3—5mmol/L；4—10mmol/L

在不同 Na^+ 浓度下，煤和伊利石之间的作用力曲线如图 6-28 所示。当 Na^+ 浓度为 1mmol/L 时，在煤和伊利石相距 19nm 处便出现斥力，在继续接近的过程中，该斥力逐渐增大，在相距 5nm 时，斥力为 1.0mN/m；当 Na^+ 浓度为 3mmol/L 时，在煤和伊利石相距 15nm 处出现斥力，表明 Na^+ 对双电层厚度的影响较小；当 Na^+ 浓度为 5mmol/L 和 10mmol/L 时，都在煤和伊利石相距 12nm 处出现斥力，煤和伊利石之间的斥力有所减小，但仍然存在较大斥力，在相距 5nm 时，斥力都约为 0.4mN/m。

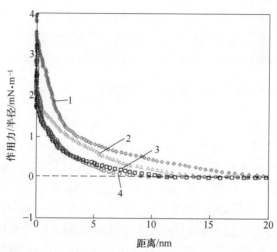

图 6-28　Na^+ 浓度对煤和伊利石之间作用力的影响

1—1mmol/L；2—3mmol/L；3—5mmol/L；4—10mmol/L

总之，当 Ca^{2+} 存在时，随着 Ca^{2+} 浓度的增加，煤和伊利石之间的静电斥力逐渐减小，其斥力范围也逐渐缩小，在 Ca^{2+} 浓度为 5mmol/L 和 10mmol/L 时，在相距 5nm 处的斥力仅为 0.1mN/m；当 Na^+ 存在时，随着 Na^+ 浓度的增加，由于 Na^+ 对双电层的压缩程度较小，也不能很大程度地降低颗粒的表面电位，煤和伊利石之间作用力的斥力范围变化较小，斥力大小有所减小，但仍存在较大的斥力。

综上所述，通过 AFM 直接测定煤与三种黏土矿物颗粒间的作用力，颗粒间作用力的变化规律很好地解释了水质对煤泥水澄清和煤泥浮选的影响规律，在沉降试验和浮选试验中，当 Ca^{2+} 浓度小于 5mmol/L 时，随着 Ca^{2+} 浓度的增加，颗粒间的静电斥力逐渐减小，颗粒越来越容易发生凝聚，所以，初始沉降速度逐渐增大，精煤灰分逐渐上升；当 Ca^{2+} 浓度大于 5mmol/L 时，继续增加 Ca^{2+} 浓度，颗粒间的静电斥力不再进一步减小，所以，初始沉降速度和精煤灰分不再发生明显变化。

6.4　非 DLVO 力-疏水力的验证

由于煤的表面性质为疏水性，根据扩展的 DLVO 理论，在水溶液中，疏水性颗粒之间存在疏水力，该作用力表现为引力。本节将用 AFM 测定煤和煤之间的作用力曲线，验证煤和煤之间是否存在疏水力。

把直径为 6μm 的非规则的球形煤颗粒粘到悬臂的顶端，煤颗粒探针如图6-29所示。在 pH 值为 6.5 的 1mmol/L 的 NaCl 溶液中，用 AFM 测定煤基面与煤颗粒探针之间的作用力曲线，试验方法和试验物料同第 6.3 节。

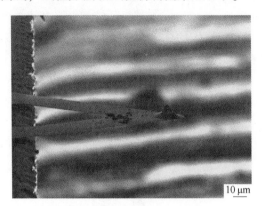

图 6-29　煤颗粒探针的 SEM 图像

在 1mmol/L 的 NaCl 溶液中，煤和煤之间的作用力曲线如图 6-30 所示。在相距 11nm 处，煤和煤之间出现较大的引力，该引力随着距离的缩小而急剧增大，在相距 2nm 处，引力达到最大值 0.5mN/m。

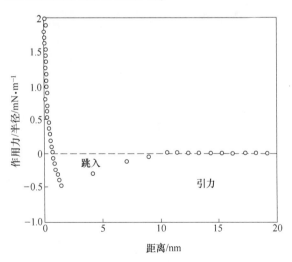

图 6-30　煤和煤之间的作用力曲线

由试验数据可知，煤和煤之间存在较大的引力，由于煤表面有较强的负电性，其静电斥力较大。由此可知，煤和煤之间必存在疏水力。由于疏水引力的存在，煤颗粒较容易发生同类凝聚。

6.5　水质对煤和气泡间诱导时间的影响

在煤的泡沫浮选过程中，煤黏附在气泡表面并随之上浮。本节将使用一种新的手段研究水质对煤和气泡黏附的影响。

用实验室自制的 Induction Timer 测试煤颗粒和气泡之间的诱导时间，如图 6-31所示。用纯煤筛分，取粒度为 $104 \sim 147\mu m$ 的煤颗粒，经过多次水洗，直至煤悬浮液中没有微细颗粒为止。把煤颗粒平铺在一个玻璃槽的底面上，槽中倒入 10 mL的盐溶液。在毛细玻璃管的底部挤出一个直径为 1.5mm 的气泡，控制玻璃管使气泡向下运动去接触煤颗粒，在预设的接触时间后，气泡撤回，观察气泡上是否黏附着煤颗粒，黏附和未黏附实例图片如图 6-32 所示。气泡黏附上煤颗粒的最短接触时间称为诱导时间，诱导时间越短，气泡与煤颗粒越容易黏附，煤颗

图 6-31　诱导时间的测试方法

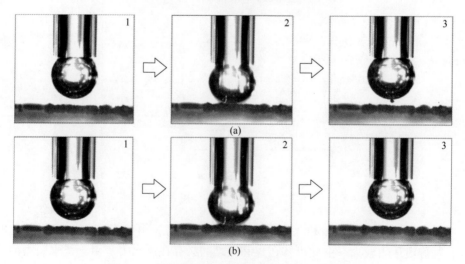

图 6-32　煤颗粒和气泡的黏附和未黏附实例图片
（a）黏附；（b）未黏附

粒的疏水性就越好。整个过程由 CCD 同步录像并传输到计算机上。每个试验重复 10 次。

在不同 Ca^{2+} 或 Na^+ 浓度的盐溶液中，测定煤和气泡之间的诱导时间。

如图 6-33 所示，煤和气泡之间的诱导时间随着 Ca^{2+} 浓度的增加而增加。由于煤自身的疏水性较好，所以，煤和气泡之间的诱导时间较短。当 Ca^{2+} 不存在时，煤颗粒和气泡的诱导时间为 17ms；当 Ca^{2+} 浓度为 5mmol/L 时，其诱导时间上升到 40ms。

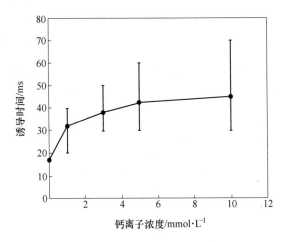

图 6-33　Ca^{2+} 浓度对煤和气泡间诱导时间的影响

Na^+ 浓度对煤和气泡间诱导时间的影响如图 6-34 所示，煤和气泡之间的诱导时间随着 Na^+ 浓度的增加而降低。当 Na^+ 不存在时，煤颗粒和气泡的诱导时间为 17ms；当 Na^+ 浓度为 5mmol/L 时，其诱导时间下降到 12ms；当继续增加 Na^+ 浓度至 10mmol/L 时，其诱导时间为 10ms。

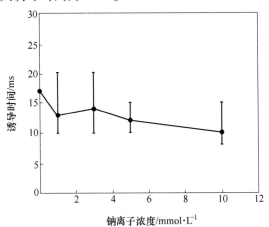

图 6-34　Na^+ 浓度对煤和气泡间诱导时间的影响

对比分析 Ca^{2+} 和 Na^+ 浓度对煤和气泡之间诱导时间的影响，煤和气泡之间的诱导时间随着 Ca^{2+} 浓度的增加而增加，随着 Na^+ 浓度的增加而降低。由于煤和气泡表面都呈负电性，煤和气泡之间的静电力为斥力，理论上讲，Ca^{2+} 和 Na^+ 的存在可以减弱煤和气泡表面的负电性，使其静电斥力减小，实际上，Ca^{2+} 的存在却使得诱导时间增加。考虑到煤和气泡之间还存在范德华斥力和疏水引力，且 Ca^{2+} 的存在对范德华斥力几乎没有影响，所以，Ca^{2+} 的存在影响了煤和气泡之间的疏水力。

通过对煤吸附 Ca^{2+} 前后的光电子能谱（XPS）分析，研究 Ca^{2+} 对煤表面性质的影响。煤吸附 Ca^{2+} 前后的 XPS 谱图如图 6-35 所示，吸附 Ca^{2+} 前 $Ca_{2p\frac{3}{2}}$ 和 $Ca_{2p\frac{1}{2}}$ 的峰的强度比较弱，分别为 760 和 720；吸附 Ca^{2+} 后两个峰的强度分别达到 790 和 740，钙元素的峰的强度增加，表明钙元素在煤表面的含量增加。根据两个峰的结合能分析，钙元素在煤表面以 $CaCO_3$ 沉淀物或 $Ca(OH)_2$（s）沉淀物的形式存在。由于这两种沉淀物都是亲水性物质，所以，Ca^{2+} 的存在降低了煤表面的疏水性，从而影响了煤和气泡之间的疏水力，并使其诱导时间增加。但是，当 Ca^{2+} 存在时，煤颗粒与气泡的诱导时间仍小于 50ms，Ca^{2+} 的存在只是略微地降低了煤表面的疏水性，几乎不影响煤颗粒的可浮性。

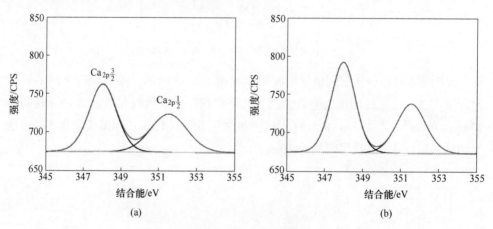

图 6-35　煤吸附 Ca^{2+} 前后的 XPS 谱图

（a）煤吸附 Ca^{2+} 前；（b）煤吸附 Ca^{2+} 后

7 循环煤泥水体系的水质调控方法

<<<<<<<<<<<<<<<<<<<<<<<<<<<<<<<<<<<<<<<<<<<<<<<<<<<<<<<<<<<<<<<

水质硬度高，有利于煤泥水澄清；水质硬度低，有利于煤泥浮选。因此，在线检测循环煤泥水的水质状况，并实时调控循环煤泥水体系的水质硬度，是实现煤泥水澄清循环和煤泥高效浮选的根本保障。循环煤泥水体系的水质调控方法包括水质调整剂的选择和添加方式、检测指标、检测手段及自动加药控制策略。

7.1 水质调整剂的选择和添加

从胶体化学角度来看，微细粒级的煤和黏土颗粒在水中属于带有较强负电荷的胶粒，带有较强负电荷的胶粒之间产生较强的静电斥力，所以呈悬浮状态而难以自然沉降。由于胶粒的稳定性与胶粒表面电位之间存在着依存关系，降低或消除胶粒表面的负电性是破坏胶体稳定性的较好方法，这样可以使悬浮颗粒凝聚并沉降。所以，选择合适的水质调整是实现水质调控的首要任务。

7.1.1 水质调整剂的选择

选择三种水质调整剂，配制质量浓度为 5% 的 MC、$FeCl_3 \cdot 6H_2O$、$KAl(SO_4)_2 \cdot 12H_2O$，每次取煤泥 50g 配制成 1L 煤泥水样，加入不同种类和不同量的水质调整剂，测试其初始沉降速度，测试结果见表 7-1。

表 7-1 不同水质调整剂的煤泥沉降试验

药剂名称	加药量/$g \cdot kg^{-1}$	初始沉降速度/$cm \cdot min^{-1}$
MC	5	10.37
	7	12.25
	10	9.88
	13	9.24
$FeCl_3 \cdot 6H_2O$	1	4.27
	2	4.58
	3	2.29
	4	2.22
$KAl(SO_4)_2 \cdot 12H_2O$	6	1.98
	8	2.18
	10	2.26
	14	2.09

由结果可知，三种凝聚剂中 MC 的效果最好，MC 药剂可以使最大初始沉降速度达到 12.25cm/min，而使用其他凝聚剂的初始沉降速度都不超过 5cm/min。

MC 属于微溶盐类，可在缓和的水流条件下进行添加和溶解，这给工业上 MC 的添加方式提供了便利，且不会造成煤泥水 pH 值的大幅度变化，不会在机械表面产生板结现象。MC 作为天然矿物，具有分布广泛，储量丰富，价格低廉的优点，是一种优质的水质调整剂。

7.1.2　水质调整剂的添加方式

水质调整剂的添加方式包括均匀添加和批量间断添加，对应这两种添加方式，选择两个选煤厂进行工业试验，研究整个循环煤泥水体系的水质变化。

7.1.2.1　水质调整剂的批量间断添加

某选煤厂的煤泥水处理工艺采用先浮选后浓缩沉降，浮选尾矿经过两段浓缩机处理，第二段浓缩溢流为澄清循环水。该厂使用 MC 药剂作为水质调整剂，在循环水池一次性加入 3tMC 药剂，分别在浮选入料、一段浓缩机溢流、二段浓缩机溢流、循环水池四个检测点每隔约 0.5h 采一次水样化验水质硬度，以观察水质的变化。整个试验过程要求入洗原煤煤质较稳定，此试验的原煤灰分在线数据显示入洗原煤灰分变化不大，基本稳定。试验数据如图 7-1 所示。

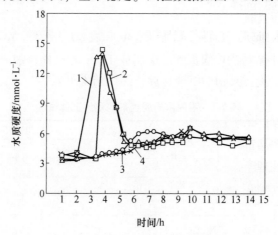

图 7-1　批量添加 MC 后的水质变化

1—循环水；2—浮选入料；3—一段浓缩溢流；4—二段浓缩溢流

连续 13 个小时检测循环煤泥水体系的水质硬度，由数据可知，添加 MC 药剂之前，整个循环煤泥水体系的水质硬度在 4mmol/L 左右，随后，在循环水池一次性加入 3tMC 药剂。加入 MC 后各检测点的水质硬度有如下变化：循环水的水质硬度即刻达到峰值 14.1mmol/L，但由于取样时间间隔可能过长，真正的峰值点有可能未被检测到；在加药 0.5h 后，浮选入料水质硬度达到峰值 14.4mmol/L；在 4h 后，一段浓缩溢流出现峰值 6.2mmol/L；在 6h 后，二段浓缩溢流的水质硬度值达到最值 6.2mmol/L；在 7h 后，循环水和浮选入料又分别达到二次峰值 6.6mmol/L 和 6.5mmol/L；在加药 9h 后，整个循环煤泥水体系的水质硬度值稳定在 5.5mmol/L。

在现场的试验中，以上数据的变化规律经多次重复试验被验证。假设循环水以单元的形式存在，各个单元水体在生产循环过程中所经历的生产环节不同，循环时间的长短不同，并有可能随产品排出循环系统，最终被分散。所以试验中在某一单元水体中添加 MC 后，该单元水体在生产中随生产环节的不同产品被不断分散而最终趋于均匀，所以该单元水体第二次峰值出现的不太明显，第三次峰值就不存在了。分析总结可以得出如下结论：各个检测点水质硬度的峰值出现的时间与煤泥水走向一致，先到的检测点处出现峰值较早峰值明显，由于钙离子逐渐在水体中扩散，且被黏土吸附，后到的检测点处的峰值出现较晚且峰值不明显。循环水从原煤进入主洗环节开始，0.5h 后达到浮选环节；4h 后完成第一段浓缩，6h 后完成第二段浓缩，故煤泥水循环一周的时间为 6~7h。

在该添加方式下，提高了整个循环煤泥水体系的水质硬度，水质调整剂没有被充分利用。而且，在高水质硬度不利于生产的环节（浮选环节）也提升了水质硬度，造成该环节的生产受到不利影响。而水质调整剂添加的目的是：提高煤泥水澄清环节的水质硬度，加速煤泥的沉降，得到澄清的循环水。一次性批量的添加方式虽然省时省力，但是药剂没有得到充分利用，该添加方式不可取。

7.1.2.2 水质调整剂的均匀添加

安徽临涣选煤厂年处理量约为 400 万吨，煤泥水处理量为 1000m^3/h，该厂的主洗工艺为三产品重介旋流器，煤泥水处理工艺采用浓缩脱泥浮选，浮选尾矿经过两段浓缩机处理，第二段浓缩溢流为澄清循环水。该厂使用 CaCl$_2$·2H$_2$O 作为水质调整剂，分别在一段浓缩入料和二段浓缩入料处连续地均匀添加。

设置精煤磁选尾矿、浮选入料、一段浓缩溢流、二段浓缩入料、二段浓缩溢流五个采样点采集煤泥水样，对上述检测点每小时采一次水样化验水质硬度，连续检测 7h，以观察水质的变化。

在均匀添加方式下，各检测点的水质硬度变化如图 7-2 所示。各检测点的水质硬度比较稳定。在同一时刻，五个采样点按水质硬度至由高到低依次为：二段浓缩入料、二段浓缩溢流、一段浓缩溢流、浮选入料、精煤磁选尾矿。二段浓缩入料处为凝聚剂添加点，所以该点的水质硬度最高，达到 2.9mmol/L，其次是靠近水质调整剂添加点的二段浓缩溢流处和一段浓缩溢流处，离药剂添加点较远的浮选入料处和精煤磁选环节的水质硬度比较低。因为煤泥中的黏土矿物荷负电，可交换吸附或表面吸附水体中的钙镁离子，所以，在煤泥水循环流动过程中，水体中的钙镁离子不断被煤泥矿物吸附，水质硬度沿煤泥水流向逐渐降低。

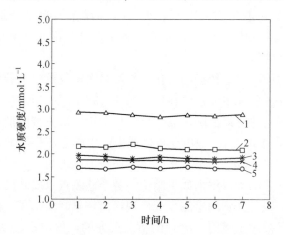

图 7-2　均匀添加凝聚剂后的水质变化

1—二段入料；2—二段浓缩溢流；3——段浓缩溢流；4—浮选入料；5—精煤磁选尾矿

在该添加方式下，只提高了煤泥水澄清环节的水质硬度，药剂得到充分利用，且不会影响浮选环节的生产。所以，水质调整剂的正确添加方式是在煤泥水澄清环节均匀添加。

7.2　软测量技术的应用

由于煤泥水水质硬度目前无法实现在线精准测量，成为煤泥水实现自动控制加药的瓶颈，类似情况在工业生产中实例很多。为了解决这些关键指标的测量问题，学者们提出过很多方法，目前应用较为广泛的是软测量方法。软测量的基本思想是把自动控制理论与生产过程数据有机地结合起来，应用计算机技术对难以测量或者暂时不能测量的重要变量，选择另外一些容易测量的变量，通过构成某种数学关系来推断或者估计，以软件来替代硬件的功能。软测量技术主要由辅助变量的选择、数据采集与处理、软测量模型几部分组成。

7.2.1　辅助变量的选择

电导率是反映水中溶解盐分含量的指标，是电导池常数与溶液电阻的比值，以数字表示溶液传导电流的能力，其单位是 S/cm。它表示长度为 1cm、截面积为 $1cm^2$ 的水体或电解质溶液的电阻的倒数。溶于水中的各种离子都具有一定的导电能力，可溶性离子越多，电阻就越小，电导率就越大，影响电导率的因素有离子的组成及浓度、水体温度。水质硬度是指水中多价金属阳离子的含量。主要

包括二价阳离子 Ca^{2+} 和 Mg^{2+}，也包括三价阳离子 Al^{3+} 和 Fe^{3+}。由于在常见水体中，三价阳离子含量较少，所以水质硬度通常指 Ca^{2+} 和 Mg^{2+} 的含量。大量实验验证，在地表水、地下水、江河、湖泊等水体中，水质硬度与电导率呈现明显的正线性相关性。所以，选择电导率作为辅助变量来监测循环煤泥水体系的水质硬度。本节将从实验室模拟水体试验和工业试验来检验电导率作为辅助变量的可靠性。主要离子电导率见表 7-2。

表 7-2 主要离子电导率（25℃）

离 子	电导率/$\mu S \cdot cm^{-1}$	离 子	电导率/$\mu S \cdot cm^{-1}$
Na^+	2.13	Cl^-	2.14
K^+	1.84	HCO_3^-	0.75
Ca^{2+}	2.60	CO_3^{2-}	2.82
Mg^{2+}	3.82	SO_4^{2-}	1.54

注：离子浓度为 1mg/L。

7.2.1.1 实验室模拟水体试验

在 5L 自来水中，添加一定量的矿物型凝聚剂 MC，搅拌 5min，使其充分溶解，静置 10min 后，取上清液测试其电导率和水质硬度。

在实验室条件下，模拟矿物型凝聚剂 MC 对水质硬度和电导率的影响，试验结果如图 7-3 所示。煤泥水的电导率变化与水质硬度变化存在线性关系，其线性相关系数的平方值为 0.9796，线性相关性较好。

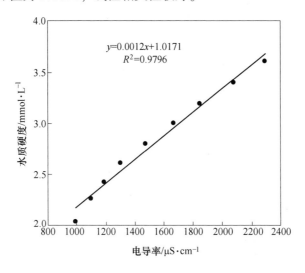

图 7-3 实验室试验中水质硬度和电导率的关系

7.2.1.2　工业试验

研究水质硬度和电导率关系的工业试验与水质调整剂的均匀添加试验都在安徽临涣选煤厂进行，同样设置精煤磁选尾矿（磁选是为了回收介质）、浮选入料、一段浓缩溢流、二段浓缩入料、二段浓缩溢流五个采样点采集煤泥水样，每个采样点采 7 个水样（每小时采 1 个），所采煤泥水样用滤纸过滤，取滤液化验水质硬度和电导率。

工业生产流程中的五个采样点的煤泥水水质硬度和电导率的散点图如图 7-4 所示，数据主要集中在五个区域，同一采样点的数据集中在同一区域，表明不同采样点之间的水质不同，且每个采样点的水质硬度和电导率随时间几乎没有变化。

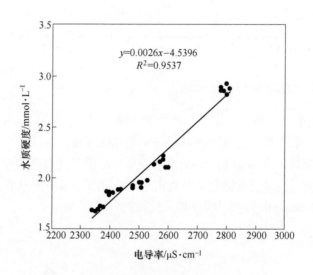

$$y = 0.0026x - 4.5396$$
$$R^2 = 0.9537$$

图 7-4　工业试验中水质硬度和电导率的关系

对所有数据进行线性拟合，线性相关系数的平方值为 0.9537，水质硬度和电导率的线性相关性较好。

工业试验比实验室试验的线性相关性相对略低，是由于现场生产中入洗原煤的煤质存在一定的波动性，原煤中的不同组成矿物可以释放出不同的离子，因此对水体中的离子浓度有一定的影响。为了研究煤质波动对水体的影响，对在工业生产现场采集的四个煤泥水样进行离子组分和含量分析，水样的主要阳离子含量见表 7-3，添加药剂使得 Ca^{2+} 的含量发生变化，其他三种离子的微小变化是由煤质的波动而引起的，但相对于凝聚剂或添加剂对水质的影响，煤质波动造成的轻微影响基本可以忽略。

表 7-3 四个水样的阳离子含量

序号	主要离子含量/mg·L⁻¹			
	Na⁺	K⁺	Mg²⁺	Ca²⁺
1	338.46	11.36	19.30	90.00
2	349.72	13.75	14.10	72.00
3	338.54	13.26	16.43	310.06
4	344.58	18.78	18.50	260.00

对五个采样点的数据求平均值，得到生产流程中不同环节的水质状况。在同一时刻，五个采样点按水质硬度由高到低依次为：二段浓缩入料、二段浓缩溢流、一段浓缩溢流、浮选入料、精煤磁选尾矿。五个采样点的水质硬度和电导率变化曲线如图 7-5 所示，水质硬度和电导率有同样的变化趋势，再次证明：电导率作为水质硬度的辅助监测指标是可行的。

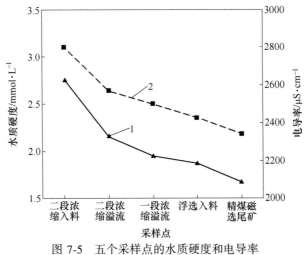

图 7-5 五个采样点的水质硬度和电导率
1—水质硬度；2—电导率

两个规模的试验结果同时表明：电导率可以作为水质硬度的辅助监测指标（辅助变量）。

7.2.2 软测量模型的建立

实验室试验和工业试验结果都表明：水质的电导率和硬度有很好的线性相关性。在上述两种试验水体中分别添加 MC 药剂和 $CaCl_2 \cdot 2H_2O$ 凝聚剂，只改变水体中所添加药剂的溶解离子（药剂溶解产生的阳离子和阴离子）的含量，而其他离子的含量比较稳定。溶解离子包括阳离子（Ca^{2+} 或 Mg^{2+}）和阴离子，阳离子的含量影响水质硬度的大小，阳离子和阴离子的总含量影响电导率的大小，药剂溶解产生阳离子和阴离子的量成正比例关系。因此，在其他离子含量稳定的情况下，药剂的添加对水体的水质硬度和电导率的改变量成正比例关系。

电导率作为水质硬度的辅助变量的可行性已在上述试验中得到充分证明。且电导率仪已较成熟地应用在工业生产监测中，可以用煤泥水的电导率作为监测指标，间接地反映水体的水质硬度。首先，使用电导率仪采集水体的电导率数据；然后，建立水质硬度和电导率的关系模型；最后，利用该模型对数据进行处理和转换，从而实现煤泥水水质硬度的软测量技术。

以上述两种试验为例，建立软测量模型。

实验室模拟水体的软测量模型：

$$y = 0.0012x + 1.0171 \quad （1000 \leqslant x \leqslant 2300） \tag{7-1}$$

工业现场循环煤泥水体系的软测量模型：

$$y = 0.0026x - 4.5396 \quad （2350 \leqslant x \leqslant 2850） \tag{7-2}$$

式中，y 为水质硬度，mmol/L；x 为电导率，μS/cm。

两个模型的一次项系数分别为 0.0012 和 0.0026，同为正数，则水质硬度和电导率都是正线性相关的。工业循环煤泥水体系的软测量模型的一次项系数是实验室模拟水体的两倍多，即若两种水体提升等量的电导率，则循环煤泥水体系提升的水质硬度是模拟水体的两倍多，造成这种差别的原因是：两种水体添加了不同的凝聚剂，模拟水体使用矿物型凝聚剂 MC，工业现场使用 $CaCl_2 \cdot 2H_2O$ 凝聚剂。两种药剂对水体水质有不同影响：MC 药剂对电导率的贡献率较大，对水质硬度的贡献率相对较小；$CaCl_2 \cdot 2H_2O$ 凝聚剂对电导率的贡献率较小，对水质硬度的贡献率相对较大。

总之，不同水体添加不同的凝聚剂应有不同的软测量模型。针对具体水体，需建立该水体相应的软测量模型。

7.3　水质调控方法的应用

针对水质硬度对选煤过程的影响，亟需开发一种循环煤泥水体系的水质调控方法，对煤泥水澄清环节和煤泥浮选环节的水质进行调控，实现煤泥水的澄清循环和煤泥的高效浮选。

7.3.1　水质检测系统

使用软测量技术检测整个循环煤泥水体系的水质硬度，是实现水质调控的前提。

以河北邢台矿选煤厂为工程示范基地，建立该选煤厂的煤泥水水质在线检测系统，主要检测整个循环煤泥水体系的水质状况和循环水的浊度。电导率仪和浊度仪都使用 E+H 公司生产的，电导率仪型号：CLS21+CLM253；浊度仪型号：

CUS41-A2+CUM253。浓缩机入料管道中和浮选槽中的电导率传感器和变送器安装位置如图 7-6 所示。

图 7-6　电导率仪安装位置

在现场主要检测点安装检测传感器，检测数据经过变送器转变为 4~20mA 的模拟信号，模拟信号经过 PLC 处理后转为数字信号并输入计算机终端，从而完成水质的在线自动检测，水质检测系统运行界面如图 7-7 和图 7-8 所示。

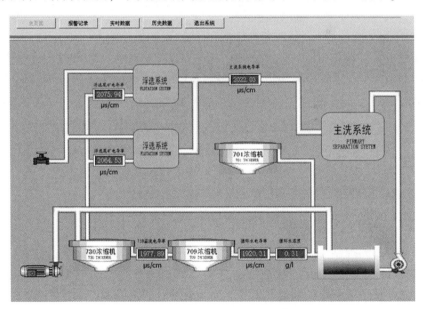

图 7-7　水质检测系统的主界面

7.3.2　水质调控方法

根据循环煤泥水体系的水质在线检测数据，对循环煤泥水体系进行水质调控，通过人工或自动控制水质调整剂的添加量。

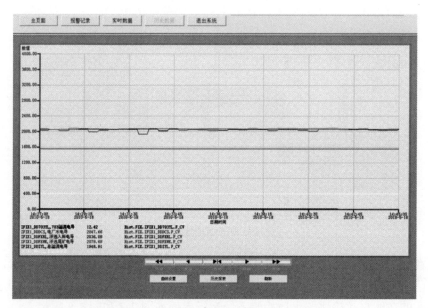

图 7-8　水质检测系统的历史数据界面

根据现场实际情况，设计了 MC 药剂的添加系统，如图 7-9 所示。干粉 MC 在混合池中充分搅拌溶解，从混合池自流至储液池。在斜底储液池中可以去除药剂中的不溶杂质，泵将 MC 溶液打入循环煤泥水体系。由电动闸板阀门控制药剂投加量。

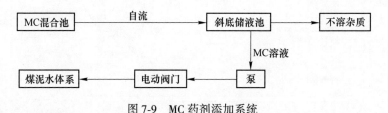

图 7-9　MC 药剂添加系统

电动阀门的控制可以是人工或自动控制。人工控制添加量主要是依据浓缩机入料、循环水和浮选矿浆的水质硬度（电导率）来手动控制电动阀门的开启程度，同样要保证循环水的浊度要低于某个设定值。自动控制与人工控制的原理一样，给予设定的各环节的水质硬度值（电导率值）及循环水的浊度值，变送器将数据信号传给 PLC 装置进行转换，经过模型计算，把控制信号传给电动阀门，由此来直接控制电动阀门是否开启和开启程度。自动控制加药的原理如图 7-10 所示。

本自动加药系统采用前馈-反馈复合控制策略，即以水质硬度为主参数的前馈控制，以循环水浊度为副参数的反馈控制。由于煤泥水的水质波动和反馈控制

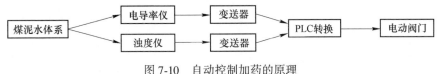

图 7-10 自动控制加药的原理

造成加药滞后，并采用 Smith 预估补偿控制方法来克服这种加药滞后问题。

7.3.3 水质调控方法的应用

在河北邢台矿选煤厂进行工业现场的水质调控试验，通过人工控制 MC 药剂的添加量，调控煤泥水澄清环节和煤泥浮选环节的水质硬度。

在煤泥水澄清环节，在低水质硬度下，循环水（浓缩机溢流）的浊度较高，逐渐增加 MC 药剂的添加量，浓缩机入料处煤泥水的水质硬度和循环水的浊度的变化规律如图 7-11 所示。随着 MC 药剂添加量的增加，煤泥水的水质硬度逐渐增加，循环水的浊度也逐渐降低。所以，调高煤泥水澄清环节的水质硬度，可实现煤泥水的澄清循环。

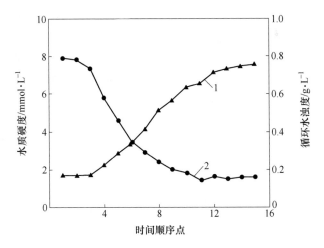

图 7-11 水质调控对煤泥水澄清的影响

1—水质硬度；2—循环水浊度

在煤泥浮选环节，在高水质硬度下，精煤灰分较高，通过降低 MC 药剂的添加量，浮选矿浆的水质硬度和浮选精煤灰分的变化规律如图 7-12 所示。随着 MC 药剂添加量的减少，浮选矿浆的水质硬度逐渐降低，浮选精煤灰分也逐渐降低。所以，调低煤泥浮选环节的水质硬度，可实现煤泥的高效浮选。

煤泥水澄清环节需要高水质硬度，煤泥浮选环节需要低水质硬度，通过水质调控可以实现煤泥水的澄清循环，也可以实现煤泥的高效浮选。但是，煤泥水的

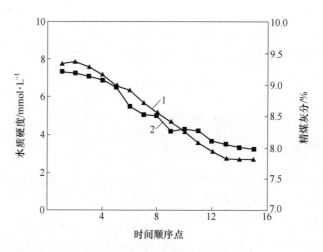

图 7-12　水质调控对煤泥浮选的影响
1—水质硬度；2—精煤灰分

澄清环节和煤泥的浮选环节同在一个煤泥水系统，不能同时保证两个环节的最佳生产效果。针对邢台矿选煤厂循环煤泥水体系的性质，通过长期的工业试验研究，通过控制 MC 药剂的添加量，当浓缩机入料处煤泥水的水质硬度为 3.5mmol/L 时，可保证循环水的浊度小于 0.3g/L，随着煤泥水的循环，浮选环节的矿浆的水质硬度可降低到 2mmol/L 以下，避免了高水质硬度对煤泥浮选的影响。

参 考 文 献

［1］ Rao S R, Finch J A. A review of water re-use in flotation ［J］. Minerals Engineering, 1989, 2 (1)：65-85.

［2］ 谢广元, 施秀屏. 煤泥水处理中絮凝剂的正确选择和使用 ［J］. 选煤技术, 1996 (4)：33-36.

［3］ 张东晨, 张明旭, 陈清如. 煤泥水处理中絮凝剂的应用现状及发展展望 ［J］. 选煤技术, 2004 (2)：1-3.

［4］ Sun W, Long J, Xu Z, et al. Study of Al(OH)₃-Polyacrylamide-Induced Pelleting Flocculation by Single Molecule Force Spectroscopy ［J］. Langmuir the Acs Journal of Surfaces & Colloids, 2008, 24 (24)：14015.

［5］ 徐初阳, 王少会. 絮凝剂和凝聚剂在煤泥水处理中的复配作用 ［J］. 矿冶工程, 2004, 24 (3)：41-43.

［6］ 高兴富, 马鹏飞. 不同絮凝剂对细粒煤泥水沉降的影响 ［J］. 山西化工, 2018 (1).

［7］ 邓金梅, 罗序燕, 祝婷, 等. 聚丙烯酰胺类复合絮凝剂对金属离子吸附的研究进展 ［J］. 化工新型材料, 2017 (2)：19-21.

［8］ 李哲, 常鼎伟, 周颖, 等. 新型聚丙烯酰胺-聚硅酸硫酸铝复合絮凝剂的制备及絮凝效果研究 ［J］. 现代化工, 2016 (7)：118-121.

［9］ 柳迎红, 李伟民. 煤泥水加药絮凝闭路循环试验研究 ［J］. 辽宁工程技术大学学报, 2003, 22 (2)：284-285.

［10］ 苏丁, 雷灵琰, 王建新. 凝聚剂、絮凝剂在难净化煤泥水中的使用 ［J］. 选煤技术, 2000 (2)：10-12.

［11］ 聂丽君, 李红梅, 李慧茹, 等. 聚硅硫酸铁混凝剂的研制及其在煤泥水中的应用 ［J］. 煤炭工程, 2004 (8)：69-71.

［12］ 王萍, 刘斐文. 复合絮凝剂 APSA 的研制与效果试验 ［J］. 水处理技术, 1998 (3)：179-182.

［13］ 张明旭. 选煤厂煤泥水处理 ［M］. 徐州：中国矿业大学出版社, 2005.

［14］ 范彬, 刘炯天. 水质硬度对选煤厂循环水澄清的影响 ［J］. 中国矿业大学学报, 1999, 28 (3)：296-299.

［15］ 陈忠杰, 闵凡飞, 朱金波, 等. 高泥化煤泥水絮凝沉降试验研究 ［J］. 煤炭科学技术, 2010, 38 (9)：117-120.

［16］ 刘炯天. 一种矿物型凝聚剂处理循环水的方法 ［P］. 中国：96117146.4, 1996-10-22.

［17］ Tripathy T, Bhagat R P, Singh R P. The flocculation performance of grafted sodium alginate and other polymeric flocculants in relation to iron ore slime suspension ［J］. European Polymer Journal, 2001, 37 (1)：125-130.

［18］ Gupta A K, Banerjee P K, Mishra A. Influence of chemical parameters on selectivity and recovery of fine coal through flotation ［J］. International Journal of Mineral Processing, 2009, 92 (1)：1-6.

[19] 郭德，张秀梅，吴大为. 对Ca^{2+}影响煤泥浮选和凝聚作用机理的认识 [J]. 煤炭学报，2003，28（04）：99-102.

[20] 张麟，李建华，顾帼华，等. 脂类捕收剂 DLZ 对黄铁矿浮选的影响及其作用机理 [J]. 中南大学学报（自然科学版），2009，40（5）：1159-1164.

[21] 郑贵山，刘炯天. 水的硬度对赤铁矿反浮选的影响 [J]. 中国矿业，2009，18（8）：68-71.

[22] 张志军，刘炯天，邹文杰，等. 水质硬度对煤泥浮选的影响 [J]. 中国矿业大学学报，2011，40（4）：612-615.

[23] 周瑜林，王毓华，胡岳华，等. 金属离子对一水硬铝石和高岭石浮选行为的影响 [J]. 中南大学学报（自然科学版），2009，40（2）：268-274.

[24] Arnold B J, Aplan F F. The effect of clay slimes on coal flotation, part I：The nature of the clay [J]. International Journal of Mineral Processing, 1986, 17（3）：225-242.

[25] Arnold B J, Aplan F F. The effect of clay slimes on coal flotation, part II：The role of water quality [J]. International Journal of Mineral Processing, 1986, 17（3）：243-260.

[26] Xu Z, Liu J, Choung J W, et al. Electrokinetic study of clay interactions with coal in flotation [J]. International Journal of Mineral Processing, 2003, 68（1）：183-196.

[27] Yu Y X, Ma L Q, Zhang Z J, et al. Cause analysis for separation difficulty of high ash fine coal and discussion on the separation techniques [J]. Coal Engineering, 2016.

[28] Ding X, Repka C, Xu Z, et al. Effect of Illite Clay and Divalent Cations on Bitumen Recovery [J]. Canadian Journal of Chemical Engineering, 2010, 84（6）：643-650.

[29] 魏明安，孙传尧. 矿浆中的难免离子对黄铜矿和方铅矿浮选的影响 [J]. 有色金属工程，2008，60（2）：92-95.

[30] 顾帼华，钟素姣. 方铅矿磨矿体系表面电化学性质及其对浮选的影响 [J]. 中南大学学报（自然科学版），2008，39（1）：54-58.

[31] Celik M S, Somasundaran P. The Effect of Multivalent Ions on the Flotation of Coal [J]. Separation Science, 1986, 21（4）：393-402.

[32] 刘长青. 氧化锌矿浮选体系金属离子对矿物浮选行为影响 [D]. 徐州：中国矿业大学，2017.

[33] Kutchko B G, Kim A G. Fly ash characterization by SEM-EDS [J]. Fuel, 2006, 85（17）：2537-2544.

[34] 王淀佐，胡岳华. 浮选溶液化学 [M]. 长沙：湖南科学技术出版社，1988.

[35] 闵凡飞，陈军，彭陈亮. 煤泥水中微细高岭石/蒙脱石颗粒表面水化分子动力学模拟研究 [J]. 煤炭学报，2018，43（1）：242-249.

[36] 段杨敏. 含蒙脱石煤泥水的沉降特性研究 [D]. 徐州：中国矿业大学，2016.

[37] Gouy G. Constitution of the electric charge at the surface of an electrolyte [J]. Journal of Physics, 1910, 4（9）：457-476.

[38] Grahame D C. The electrical double layer and the theory of electrocapillarity [J]. Chemical Reviews, 1947, 41（3）：441-501.

［39］ Israelachvili J N. Intermolecular and Surface Forces（Third Edition）［M］. 上海：上海世界图书出版公司，2012.

［40］ 邱冠周. 颗粒间相互作用与细粒浮选［M］. 长沙：中南工业大学出版社，1993.

［41］ 相波，李义久. 吸附等温式在重金属吸附性能研究中的应用［J］. 有色金属工程，2007，59（1）：77-80.

［42］ 张金池，姜姜，朱丽珺，等. 黏土矿物中重金属离子的吸附规律及竞争吸附［J］. 生态学报，2007，27（9）：3811-3819.

［43］ Li X, Feng H, Huang M, et al. Redox Sorption and Recovery of Silver Ions as Silver Nanocrystals on Poly（aniline-co-5-sulfo-2-anisidine）Nanosorbents［J］. Chemistry - A European Journal，2010，16（33）：10113-10123.

［44］ Al-Turaif H. Surface coating properties of different shape and size pigment blends［J］. Progress in Organic Coatings，2009，65（3）：322-327.

［45］ King P, Srinivas P, Kumar Y P, et al. Sorption of copper（II）ion from aqueous solution by Tectona grandis l. f.（teak leaves powder）［J］. Journal of Hazardous Materials，2006，136（3）：560-566.

［46］ Li X G, Feng H, Huang M R. Strong adsorbability of mercury ions on aniline/sulfoanisidine copolymer nanosorbents［J］. Chemistry - A European Journal，2010，15（18）：4573-4581.

［47］ 张志军，刘炯天，冯莉，等. 基于 Langmuir 理论的平衡吸附量预测模型［J］. 东北大学学报（自然科学版），2011，32（5）：749-751.

［48］ Sabah E, Erkan Z E. Interaction mechanism of flocculants with coal waste slurry［J］. Fuel，2006，85（3）：350-359.

［49］ Gregory J. Monitoring particle aggregation processes［J］. Advances in Colloid & Interface Science，2009，147（147-148）：109-123.

［50］ Ren S, Zhao H, Long J, et al. Understanding weathering of oil sands ores by atomic force microscopy［J］. Aiche Journal，2010，55（12）：3277-3285.

［51］ Yoon R H, Ravishankar S A. Application of Extended DLVO Theory：III. Effect of Octanol on the Long-Range Hydrophobic Forces between Dodecylamine-Coated Mica Surfaces［J］. Journal of Colloid & Interface Science，1994，166（1）：215-224.

［52］ Yoon R H, Soni G, Huang K, et al. Development of a turbulent flotation model from first principles and its validation［J］. International Journal of Mineral Processing，2016，156：43-51.

［53］ Yoon R H, Yordan J L. Zeta-potential measurements on microbubbles generated using various surfactants［J］. Journal of Colloid & Interface Science，1986，113（2）：430-438.

［54］ Villar R G D, Thibault J, Villar R D. Development of a soft sensor for particle size monitoring［J］. Minerals Engineering，1996，9（1）：55-72.

［55］ 张志军，刘炯天，王永田，等. 煤泥水水质监测及软测量技术的应用［J］. 东北大学学报（自然科学版），2012，33（3）：435-438.